당신의 치앙마이는

어떤가요

당신의 치앙마이는
어떤가요

영민 글 · 그림

북노마드

contents

Old Town
올드 타운

Santitham

산티탐

여행 메이트

오렌지 배드민턴 클럽 (고양이와 친해지는 법)

보기 좋은 떡이 먹기도 좋아

이상한 슈퍼들, 문방구 탐방

야식은 역시 치킨이지

빈티지의 매력

타투 앤 패션 푸르트

요가 수업은 듣지 못했지만

요리 수업도 듣지 못했지만

여전히 줍고 다니는 중

천천히 흐르는

Mae Rim
매림

늘 혼자 하는 여행을 선호했고, 그렇게 여행해왔던 나였지만
치앙마이 여행은 누군가와 함께일 때가 많았다. 친구들, 동생,
우연히 만난 사람들……. 그리고 그들이 가고 나면 또 혼자서
여행했다.

모든 주어를 하나로 '나'로 통일할까 고민했지만 그렇게는
담아낼 수 없는 일과 장면이 너무 많았다. 어쩔 수 없이 그냥
있는 그대로 쓰기로 했다. 그래서 이 책의 주어는 '나'가
되었다가 '우리'가 되었다가 다시 '나 혼자'가 된다. 우리였기에
풍성해진 치앙마이와 다시 혼자가 되었기에 선명해진
치앙마이를 담았다.

여전히 (이전 책과 마찬가지로) 여행에 실용적으로 도움이 되는
책은 아닐 수도 있지만, 누군가 이 책을 덮을 때 즈음 "다음에
치앙마이 가볼까?"라는 마음만 품게 되어도 충분하다고
생각한다.

Hang Dong

항동

출발

12월의 어느 새벽. 캐리어 안에는 여름옷이 가득하다.
여권, 카메라, 그림 도구들과 노트, 선크림, 챙 모자…….
두 번째 치앙마이 여행을 위해 짐을 싸는 데는 처음보다는
노하우가 쌓였다. 돈은 캐리어에 넣지 않기, 옷은 통풍이
잘되는 옷으로, 캐리어를 꽉 채워서 가기보다 무언가 사서
넣어올 수 있는 공간을 남겨두기.

공항으로 출발하기 전 제일 고민하는 것은 '지금 당장 무엇을
입고 나가야 할까'다. 치앙마이에 도착해서는 얇디얇은 한여름
옷을 입어야 하는데, 일단 공항에 도착할 때까지는 영하의
칼바람이 부는 날씨를 거쳐야 한다.
그래서 공항에는 '코트 룸'이 있다. 두꺼운 겨울 코트를 공항에
맡겨둔다. 코트 주머니에 장갑도 잘 넣어둔다. 겨울 내내
한 몸처럼 입고 있던 두꺼운 옷들을 벗어내고 오랜만에 가벼운
차림을 하자 발걸음마저 가벼워진다.

드디어 치앙마이로 출발할 준비가 되었다.

Thai**VietJetAir**

บริษัท ไทย เวียตเจ็ท แอร์ จอยท์ สต็อค จำกัด (สำนักงานใหญ่)
เลขที่ 999 หมู่ที่ 1 อาคารเทียบเครื่องบิน A และ G ท่าอากาศยานสุวรรณภูมิ
ห้องหมายเลข A1-062 และ G1-048 ชั้น 1 ตำบลหนองปรือ อำเภอบางพลี
จังหวัดสมุทรปราการ 10540 Tel: 02-0851909 www.vietjetair.com
เลขประจำตัวผู้เสียภาษีอากร 0105556300551

ชื่อผู้โดยสาร/Passenger Name :   KANG, YOUNGMIN

ลำดับที่ No.	Description		
	☐ Change flight / Change date		
	☐ Change Name		
	☐ Issue New Ticket		
	☑ Bags 20 kgs	☐	Balance Due
	☐ Excess	☐	Meal Order
	☐ Late Fee	☐	Add Infant
	☐ Seat	☐	Other
	VZ107 CNX-BKK		

NON REFUNDABLE

ชำระด้วย   เงินสด / Cash
Paid by :   บัตรเครดิต / Credit Card No. ....

ผู้จ่ายเงิน/Payer :
วันที่/Date :   24/01/2020

Thai Vietjet Air Joint Stock C
999 Moo 1, Concourse A & G Departure Terminal, Suvarnabhumi Airport, Unit

호시하나 빌리지

나를 치앙마이로 오게 한 영화가 있다. 오오모리 미카 감독의
〈수영장〉이다. 치앙마이의 게스트하우스에서 일하는 엄마를
만나기 위해 찾아온 딸이 4년 만에 재회하는 엄마에게
마음을 열어가는 여정을 그린 영화다. 영화는 아주 잔잔하게
흘러간다. (솔직하게 말하면 중간에 살짝 잠이 들기도 했다.)
그들은 호시하나 빌리지를 배경으로 요리하고, 수영장에서
노래하고, 대화한다. 줄거리보다 그 아름답고 평화로운 풍경이
나를 사로잡았다.

치앙마이로 여행을 가기로 마음먹고, 바로 호시하나 빌리지를
예약한 것은 어쩌면 당연한 일이었다. 호시하나 빌리지의
객실은 모두 각각의 개성을 가진 독립된 건물로 이루어져
있고, 각기 다른 이름과 스토리를 가지고 있다. 하나하나
매력적이라 고르는 데 꼬박 하루를 썼다. 고심 끝에 복층으로
구성된 dam 코티지를 예약했다.

늦은 밤, 치앙마이 공항에 도착했다. 숙소로 향하는 택시
안에서 본 치앙마이는 조용히 어둠에 잠겨 있었다. 어떤
것도 제대로 보지 못한 상태에서 아침을 맞이했다. 그러니까
나에게는 치앙마이의 첫인상이 호시하나 빌리지였다.

2층 침실에서 새소리를 들으며 깨어나서 나무 창문을 열며 치앙마이의 풍경을 처음 만났다. 신선한 공기, 무성하게 자란 나무들로 가득한 정원, 흐드러지다 바닥에 떨어져버린 빨간 꽃들 위로 쏟아지는 햇빛. 나뭇잎이 서로 부딪치며 흔들리는 소리와 풀벌레 소리가 귓가에 가득 울렸다. 내가 드디어 치앙마이에 왔구나, 하고 조용히 감동했다.

모두 다르게 생긴 코티지들 간의 거리는 아주 멀어서 마치 작은 숲속 마을에 들어온 기분이 든다. 천천히 걸어서 수영장 옆에 위치한 식당에 태국식 조식을 먹으러 갔다. 완벽한 아침 시간이었다.

두 번째 여행의 시작 역시 호시하나 빌리지였다. 첫 번째 여행과는 다르게 혼자였기에 1인용 객실인 라임 코티지를 예약했다. 작고 아늑한 방에 누워서 전에 들었던 것과 같은 나뭇잎과 새, 그리고 풀벌레 소리를 들으며 생각한다. 내가 다시 치앙마이에 왔구나.

🌱
hoshihana village
태국 50230 Chiang Mai, Hang Dong 246 Moo 3 T.Namprae A
연락처 +66 63 158 4126
www.hoshihana-village.com에서 예약 가능

태국어 공부

나는 언제나 비행기 안에서 간단하게 언어를 공부한다.
그간 여러 나라를 여행하며 느낀 바는 최소한 메뉴판을 읽을
줄 알아야 하고 음식을 주문할 줄 알아야 한다는 것이다.
(대학생 때 떠난 첫 유럽 여행에서 메뉴판을 읽지 못해 아주 맛없는
샐러드를 터무니없이 비싼 가격에 먹으며 후회했던 기억은 아직도
생생하다.) 하늘에 떠 있는 한정된 시간과 끊어진 인터넷,
그리고 곧 미지의 세계에 도착한다는 불안감. 비행기는 언어를
벼락치기로 공부하기에 가장 좋은 곳이 분명하다.

치앙마이로 향하는 비행기 안에서 태국어를 공부하며
느낀 것은 좌절감뿐이었다. 읽으려는 의지조차 없어진 건
처음이었다. 각각의 문자가 너무나도 비슷하게 생겼고, 어떤
규칙으로 움직이기보다는 그저 지렁이가 기어가는 모습으로만
보였다. 동글동글 곡선이 많은 문자와 "똠", "캇", "퐃" 따위의
된소리와 거센소리가 섞인 발음을 매치를 시켜보려고 해도,
그것들은 서로 붙지 못한 채 머릿속을 떠다니다 이내 손쓸 수
없이 사라져버렸다. 이 언어를 평생 써온 태국인이라면 도대체
뭐가 어렵냐고 하겠지만.

다행히 고맙게도 대부분의 태국 식당에서는 메뉴판에 사진이 큼지막하게 붙어 있었으며, 간단한 영어로 의사소통이 가능했다. 과연 관광이 주요 산업인 나라다웠다. 생각보다 언어가 문제가 되지 않는다는 사실을 깨달은 후, 태국어 읽고 듣기를 깨끗하게 포기했다. 읽히지 않는 언어로만 가득 찬 곳을 여행하는 것도 그다지 나쁘지 않았다. 오히려 읽을 수 없는 문자들은 장식적인 이미지로 다가와 풍경을 더 이국적이고 화려하게 만들어줬다.

글자도 읽지 못하는 외국인에게 친절하게 대해준 태국 사람들, 고맙습니다. 컵쿤카.*

* 컵쿤카는 태국말로 '감사합니다'다. 남자는 '컵쿤캅'으로 말한다.

그랜드 캐니언

호시하나 빌리지에서 무료로 빌려주는 자전거를 타고 근처의
그랜드 캐니언으로 출발했다. 걸어가기에는 먼 거리지만
자전거를 타면 금방이다.

채석장으로 이용하기 위해 인공적으로 땅을 팠던 곳에
빗물이 고여서 생겨난 이 저수지는 미국의 그랜드 캐니언이
연상된다고 하여 똑같은 이름으로 불린다고 한다. 바다가 없는
치앙마이에서 물놀이를 즐기고 싶은 현지인과 관광객에게
인기가 많은 곳이다. 많은 사람이 절벽 위에서 다이빙하거나
유유히 협곡 사이를 헤엄치고 있었다. (다이빙으로 인한 사고가
많아져 현재는 워터 파크처럼 꾸며 안전하게 물놀이를 할 수 있도록
운영한다.) 나는 물로 뛰어드는 대신, 코코넛 워터를 마시며
드로잉북과 색색의 마카를 꺼내 그림을 그렸다. 이 풍경이
보여주는 색깔을 그대로 담고 있는 재료는 나에게 없었지만,
아름다운 갈색과 신비로운 청록에 가까운 파랑을 재현하기
위해 노력하는 과정은 그 자체로 즐거웠다.

돌아오는 길에는 자전거 휠에 걸려 치마를 찢어먹었다.
그 이후 내내 단이 찢어진 치마를 입고 다녔는데, 찢어진
치마가 치앙마이와 제법 잘 어울렸다.

For those who use herbal sauna

s located in the brown building by the pool.
ctly to the sauna room.

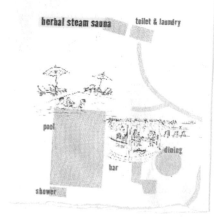

치앙마이식 사우나

호시하나 빌리지는 사우나, 요가, 마사지 등의 여러 가지
프로그램을 제공한다. 수영장이 위치한 정원 구석에 허브
스팀 사우나를 할 수 있는 공간이 있다. 이용하는 사람이 없는
것 같고 후기도 별로 없었지만 이 사우나에 도전해보기로
했다. (여러 프로그램 중에 가장 저렴했다!) 수십 가지의 허브
스팀이 독소를 빼내준다, 정신을 맑게 해준다 등등 설명은
거의 불로장생의 비법 같았다. 30분 만에 이게 과연 가능한지
의문스러웠지만 플라시보 효과라도 기대하면서 사우나로
향했다.

총 시간은 30분. 10분간 사우나에 들어갔다가 나와서 5분 쉬고,
다시 스팀 사우나에 들어가는 식으로 30분을 채운다. 눈앞이
안 보일 정도로 뿌옇기 때문에 시간을 확인하기가 어려워서
답답해질 때쯤 나왔다가 잠시 쉬고 다시 들어가기를 반복했다.
하얀 수증기 속에서 '눈이 먼 자들의 도시에서 눈이 멀면
하얗게 멀어진다던데' 하며 소설 속 장면을 떠올리기도 하고,
'오늘 저녁에는 무엇을 먹을까' 같은 잡다한 생각도 이어갔다.
그렇게 몇 번 왔다 갔다 하니 어느새 시간이 다 되어서, 비치된
코코넛&알로에 향 샤워젤로 씻고 사우나를 나왔다.

사우나를 끝내고 해당 프로그램에 포함된 음료수 한 잔을
수영장 선베드에 누워서 마셨다. 알게 모르게 들어갔던 긴장이
풀리면서 눈은 감기고 입꼬리는 올라갔다. 다음 날 만난
동생은 내 피부가 너무 좋아 보인다며, 좋은 거 혼자 하지 말고
같이하자고 그랬다. 일단 피부에 즉각적인 효과가 있는 것은
확실하다.

↓

비용 사우나 1시간+오늘의 드링크 세트 550B

눈으로 즐기는 수영장

치앙마이의 숙소에는 아주 작더라도 수영장이 있는 경우가
많다. 숙소에 수영장이 있으면 당연히 수영해야 하는 것
아니겠냐며 야심 차게 수영복까지 입고 수건을 챙겼다. 그런데
막상 물에 들어가니 몸이 제대로 뜨지 않고 팔과 다리는
내 맘대로 움직이지 않았다. 어색하고 뻘쭘하게 물속에서
허우적거리다가 금세 나와버렸다. 고작 10분 들어가 있으려고
한국에서부터 수영복을 챙겨 온 건가……, 하는 허무한
마음으로 선베드에 드러누웠다. 분명 초등학생 때 1년이나
수영을 배웠는데 어떻게 된 걸까? 어렸을 때 배운 것들은
어른이 되어서도 남는다던데, 내 수영 감각은 아마도 물에
빠져 생명의 위기를 느낄 정도에야 되살아나려나 보다.
꼭 수영을 하지 않고 파란색 수영장을 눈으로 즐기는
것만으로도, 남들이 즐겁게 노는 모습을 바라보는 것만으로도
기분은 투명하고 시원해진다.

들판 위의 피아노

논 한가운데로 나아가는 길이 있다. 그리고 그곳에는 피아노가
놓여 있다. 삐걱대는 좁은 나무다리 위를 천천히 걸어간다.
오래되고 낡은 피아노의 건반에 슬쩍 손을 올려본다. 다들
천천히 피아노까지 걸어갔다가 돌아왔고, 피아노를 칠 줄 아는
사람은 거기서 피아노를 연주했다.
어머니와 딸로 보이는 두 사람이 걸어가서 나란히 앉아
피아노를 쳤다. 조율되지 않은 피아노와 연습되지 않은
두 사람. 둘의 손이 만들어내는 음악에 더해지는 그들의 낮은
웃음. 추억의 한 장면이 만들어지는 순간을 목격하니 어쩐지
감동적이다.
그곳에 피아노가 있고 피아노를 치는 사람이 있는 것만으로도
넘치도록 시적인 풍경이다.

↓

Cloud 9 Cafe Restaurant

หมู่ที่ 2 204/3 San Klang, San Pa Tong District, Chiang Mai 50120 태국
영업시간 9:30~18:00 (목요일 휴무)
연락처 +66 83 403 5751

인생 립 스테이크

호피폴라hopippolla는 저녁 장사만 하는 바비큐 가게다. 오늘의
저녁은 호피폴라에서 해결하기로 했다. 조명이 켜지고
어두워지기 시작하면 예약한 사람들이 테라스 자리에 앉는다.
한쪽에서는 주인아저씨가 연기 속에서 땀을 흘리며 바비큐를
굽고, 가운데 작은 간이 건물에서는 음악이 흘러나온다.
맥주는 따로 팔지 않지만 바로 옆의 수제 맥줏집에서 가져와
먹을 수 있었기에, 립을 기다리는 사이 옆집으로 건너가
맥주를 사 왔다.

음식이 나오자 비주얼만으로도 모두 감탄사를 내뱉었다. 뼈에
붙은 감칠맛 나는 살을 알차게 발라 먹고 함께 나온 새콤한
과일들을 같이 먹으니 더욱 환상적이었다. 활기찬 분위기와
아름다운 플레이팅만으로도 좋았는데 맛까지 있다니!
"나 여기가 인생 립인 것 같아"라고 말하자 친구들도 동의했다.
배가 불러 더 주문하지 못한 것이 아쉬울 뿐이었다.

그날 밤, 호피폴라 가게의 모습과 립을 그려 인스타그램에
올렸더니, 주인 분께서 그림이 너무 마음에 든다고 호피폴라의
페이스북 프로필로 써도 되냐고 물었다. 나는 흔쾌히 좋다고
답했다. 다음 날, 호피폴라의 동그란 프로필 안에는 내가 그린

Pork steak & fruits

Great Ribs

HUNGRY IS OVER!

hoppipolla

Best burger I've ever had!

draft beer from Tailand

barbecue

44

그림이 들어 있었다. 따로 돈을 받은 것은 아니지만, 끝내주는
립을 맛보게 해준 것으로, 그리고 나의 그림을 소중하게
생각해주었다는 사실만으로도 충분했다. (4년 후 다시 예약하기
위해 페이스북에 들어갔을 때 여전히 내 그림을 프로필로 쓰고
계셔서 깜짝 놀랐다. 기쁘고 신기한 기분.)

Hoppipolla
บ้านฟ่อน Nong Kwai, Hang Dong District, Chiang Mai 50230 태국
영업시간 18:00~22:00 (월요일 휴무)
연락처 +66 95 142 3561
페이스북 www.facebook.com/hoppipollachiangmai에서 예약 필수

고양이 손님

호시하나 빌리지의 저녁은 매우 고요했다. 저녁도 든든히
먹었고 침대에 누워 내일은 어디를 가볼까 고민하는데 갑자기
문 앞에서 고양이 우는 소리가 났다. 뒤이어 문을 치는 소리가
들렸다. '뭐지?' 하면서 문을 열었더니 앞에서 기다리던
고양이가 재빠르게 방 안으로 들어왔다. 조금 당황했지만 기쁜
마음이 더 컸다. (나는 고양이를 길러본 적은 없지만 고양이를
아주 좋아한다.) 한 바퀴 돌고 나갈 줄 알았던 갈색 고양이는
알록달록한 바구니 뒤로 쏙 들어가서 잠을 자기 시작했다.
자연스럽고 익숙한 모양새가 그곳에서 자는 게 한두 번이
아닌 듯했다. 너무 조용해서 고양이가 있는지 없는지도 헷갈릴
지경이었다. 언제까지고 방문을 열어둘 수는 없어서 일단 문을
닫았다. 나 역시 슬슬 졸리기 시작했다.
아마도 깊은 새벽, 문득 잠이 깼다. 내 머리맡에 바짝 붙어
앉아 나를 빤히 내려다보고 있던 고양이와 눈이 마주쳤다.
무엇을 원하는지 모르겠지만 일단 쓰다듬어주었다. 묵묵히
내 손길을 즐기던 고양이가 몸을 말고 누웠다. 아직
새벽이었고 몽글몽글한 기분으로 나도 다시 잠이 들었다. 오늘
밤만은 나에게 반려 고양이가 생긴 기분이었다. 아침이 되자

고양이는 나가고 싶다는 의사를 확실하게 밝혔다. (문 앞에서
나를 쳐다보면서 울었다.)

체크아웃 전에 그림을 그리려고 재료를 펼치고 있는데
다시 고양이 우는 소리와 문 두드리는 소리가 났다. 어제
함께 지냈던 고양이가 돌아온 줄 알고 반가운 마음에 문을
열었더니, 이번엔 다른 고양이가 앉아 있다. 노란 치즈색
고양이가 자연스럽게 방 안으로 들어왔다. 어제 얌전했던
친구와는 다르게 노트를 밟고 지나가거나 챙 모자를 스크래처
삼아 마구 긁어대기도 했다. 그림이 손에 잡히지 않았다. 이건
불가항력이었다. 고양이는 열심히 방 안을 쏘다녔고, 그 뒤를
졸졸 쫓아다니다 보니 오전 시간이 쏜살같이 지나갔다. 얼마
후 고양이는 나가고 싶다는 의사를 표현했다. 역시 문 앞에서
우는 식이었다. 문을 열어주자 뒤를 돌아보지도 않고 걸어
나가더니 풀밭 위에 털썩 누웠다. 그야말로 자유로운 영혼의
모습이라 웃음이 나왔다.

체크아웃하며 직원에게 오늘 고양이가 방에 들어왔다고
말하니 나나가 사람을 좋아한다며 웃었다. 이름이 나나였구나.
참 잘 어울리는 이름이다. "나나야~" 하고 불러보고 싶어서
주위를 둘러봤지만 나나는 보이지 않았다.

49

산책 방해자들

치앙마이에서 산책을 하다보면 종종 생기는 일이 있다. 길에서
개들을 만나는 것이다. 이들은 주인과 함께 산책하는 귀여운
강아지가 절대 아니다. 이 나라의 개들은 목줄이 묶이지 않은
채 거친 포스를 뿜내며 무리를 지어 다닌다.
한적한 동네를 걷는데 길 한가운데에 커다란 개 두 마리가
험악하게 버티고 서 있었다. 어쩐지 불안한 기분이 들어
저들이 떠나고 나면 가려고 기다렸다. 꽤 오랫동안 그곳에서
어슬렁거리던 개들이 떠나자 안심하고 지나가는데, 갑자기
뒤에서 개들이 컹컹 짖으면서 나를 쫓아오기 시작했다. 나는
혼비백산하여 미친 듯이 뛰었고 순식간에 땀으로 흠뻑 젖었다.
평화로운 산책이 갑자기 공포물로 바뀌는 순간이었다. 이럴
때만큼은 개가 귀신보다 무서운 존재다.

왓 우몽 동굴 사원

'동굴 사원'으로 불리는 왓 우몽은 1297년 멩라이왕이
세운 사원으로 700년이 넘는 역사를 자랑한다. 외관이
다른 사원들과는 사뭇 다른데, 밖으로 드러나 있는 것은
지붕뿐이고, 동굴 안으로 들어가야 사원을 볼 수 있다.
신발을 벗고 맨발로 지하에 들어가본다. 늘 후덥지근한
치앙마이에서 발에서부터 올라오는 서늘함은 어쩐지 기분이
좋게 느껴진다. 어두운 동굴로 들어가면 길이 여러 갈래로
나뉘고 구석구석에서 사람들이 불상에 절을 드리고 있다.
어쩐지 원시적이면서도 신비로운 분위기에 소리를 죽이고
가만가만 발을 내디뎠다. 지하 동굴 사원을 통과해서 나오면
커다란 탑이 나타난다. 어두컴컴한 지하에 있다가 나와서
만나는 뻥 뚫린 하늘과 트인 공간에 우뚝 서 있는 탑의 대비가
인상적이다. 사원을 둘러싸고 있는 거대한 녹음과 호수 주변을
걸으며 복잡한 생각은 잠시 잊을 수 있었다. 평소 살던 곳을
벗어나 신성하고 조용한 곳으로 들어가는 과정은 언제나
특별하다. 나오는 입구에서는 원숭이 세 마리가 어떤 표정을
짓고 있는 동상을 발견했다. "이거 원숭이 이모티콘이잖아?"
부끄러울 때 종종 쓰던 원숭이 이모티콘의 뜻은 이러했다.

삼불원: 악한 것은 보지도 말고, 듣지도 말고, 말하지도
말아라.

Wat umong

135 หมู่ที่ 10 Mueang Chiang Mai District, Chiang Mai 50200 태국

영업시간 5:00~18:00

연락처 +66 85 033 3809

예술가들의 작업실

솔직히 반캉왓은 처음에는 실망스러웠다. 예술가들의 작업
공간이라고 들었는데 생각보다 상업화된 공간으로 느껴졌기
때문이다. '예술가'라는 단어가 주는 어떤 환상을 기대했던
것 같다. (말도 안 되지만 반 고흐나 마티스의 작업실 같은 것을
기대했다.)

반캉왓은 그 타이틀을 벗기고 보면 더 매력적인 공간이다.
가끔 공연과 마켓이 열린다는 뻥 뚫린 동그란 공터가 있고
그 주변을 수제본 노트를 파는 가게, 아기자기한 빈티지
물건이 가득한 가게, 천장까지 책이 가득한 카페, 직접 그린
그림과 도자기를 파는 가게 등 개성 있는 가게들이 둘러싸고
있다. 반캉왓은 무수히 많은 가능성을 품은 공간이었다.
다양한 작가와 가게들이 도란도란 둘러 모일 수 있는 공간.
마켓으로, 공연장으로 바뀔 수 있는 공간. 동네 사람들을 넘어
외국의 여행자들까지 끌어당기는 공간.

'돈을 벌지 않고 순수하게 예술만 하는 예술가'가 있다는 건
환상이다. 오히려 그들이 자신의 작품을 선보이고 판매할

수 있는 환경을 만들어주는 것이야말로 예술가들이 꾸준히 작업할 수 있게 돕는 일이다. 치앙마이의 예술가들이 어떤 작업을 하고 무엇을 판매하고 있는지를 살짝이나마 엿볼 수 있다. (반캉왓에서 조금만 걸어가면 아기자기하고 예쁜 카페와 음식점들이 많으니 반캉왓을 둘러본 후 함께 둘러보기 좋다.)

baan kang wat
123/1 Mueang Chiang Mai District, Chiang Mai 50200 태국

paper spoon

bookbiding

paper spoon

no.39

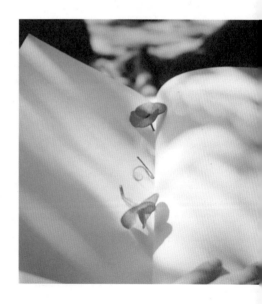

아주 작은 빵집

어떤 일정과도 연관이 없고, 다른 목적지와도 가깝지 않은
곳을 기어코 찾아가게 만든 사진 한 장이 있었다. 시골에
위치한 1평짜리 빵집의 사진. 너무 작고 귀여워 장난감 같아
보이는 가게의 모습이 호기심을 자극했다. 반캉왓에서 구글 맵
주소를 찍으니 '걸어서 한 시간'이 뜬다.

나는 무작정 걷기 시작했다. 걸어가는 길은 시골길 그
자체였다. 닭과 병아리들이 자유롭게 돌아다니고, 처음 보는
신기한 식물들이 여기저기 자라고 있다. 알록달록 신기하고
이상한 가게들을 들여다보면 정체를 알 수 없는 생소한 물건을
팔고 있다. 먼 길을 걷는 동안 지루해질 틈이 없었다.

드디어 빵집에 도착했다. 양팔을 쫙 펼치면 오른쪽 창과
왼쪽 창 모두에 닿을 수 있을 것 같은 작디작은 공간은,
가게라기보다는 누군가의 작은 다락방에 들어온 기분이
들게 했다. 에그타르트와 아이스커피를 한 잔 주문했다. 다소
평범한 맛이지만 한 시간을 걸어온 자에게 무엇이 맛이
없으리.

그 작은 가게에서 머문 시간은 15분도 채 되지 않았다. 나는
다시 한 시간을 걸어 출발했던 곳으로 돌아갔다. 돌아가는

길은 언제나 조금 더 가깝게 느껴지고, 신기하게도 완전히 새로운 풍경을 발견한다. 오면서 봤던 닭들은 아직도 그 자리에서 바닥을 쪼고 있어서 웃음이 나왔다. 나에게 그 빵집은 그저 사진 속 반 평짜리 가게가 아니라 오래 걸었던 시골길까지 포함한 넓은 공간으로 기억된다. 가끔은 목적지에 가기 위한 여정이 목적지 그 자체보다 의미를 가지기도 하니까.

Kumo Bake
Unnamed Road, Mueang Chiang Mai District, Chiang Mai 50200 태국
영업시간 10:00~17:00 (수요일 휴무)

Old Town

올드 타운

Arte
House

11/2 Soi 7 Moon Mueng Pd.
T.Sri-phum, A.Mueng
Chiang Mai 50200
Thailand

(66)0 53 289 569 (66)0 81 821 9250
e-mail : arte_house@yahoo.com
Facebook : Arte House Chiang Mai

타패 게이트와 생선구이

구시가지인 올드 시티는 정사각형 모양의 성벽과 해자로
둘러싸여 있는 13세기 란나 왕조의 수도가 위치했던 곳으로,
역사적인 건물들과 유명한 사원들이 있어 치앙마이의 역사를
느낄 수 있는 지역이다.

성곽의 동서남북에 외부로 연결하는 붉은색 벽돌로 만들어진
다섯 개의 출입문 중 가장 유명하고 상징적인 문은 서쪽의
'타패 게이트'다. 많은 게스트하우스가 몰려 있는 지역이기도
하며, 나 역시 타패 게이트 근처에 두 번째 숙소를 잡았다.
캐리어를 끌고 타패 게이트를 통과해 숙소 'Arte house'에
도착한 건 꽤 늦은 시간이었다. 작은 1인실 방에 체크인을
하고 나니 허기가 졌다.

근처에 추천해줄 식당이 있냐고 물어보기에 숙소 사장님만큼
적당한 사람이 있을까? 친절한 사장님은 지도와 펜을
꺼내더니 동그라미를 쳐가면서 골목에서 열리는 야시장, 카페,
음식점 들을 추천해주었다. 그중 마음에 들었던 '럿롯'이라는
생선구이를 파는 가게에 도착했다. 생선을 굽는 연기와 냄새가
낡은 식당을 가득 채우고 있었고, 연기는 바람을 따라 밖으로
빠져나가거나 식당 안에 고였다. 그것들에 익숙해질 때쯤

기대보다 훨씬 거대한 사이즈의 생선 한 마리가 배를 까고
등장했다.
부드럽고 짭짤한 생선구이와 맥주의 조합은 당연히 훌륭했다.
올드 시티에서의 첫 밤이었다.

Arte House
11/2 Moon Muang Rd Lane 7, Si Phum Sub-district, Mueang Chiang Mai
District, Chiang Mai 50300 태국
연락처 +66 53 289 569

Lert Ros
18/4 Rachadamnoen Rd, Tambon Si Phum, Mueang Chiang Mai District,
Chiang Mai 50100 태국
영업시간 12:00~21:00
연락처 +66 65 225 9555

목적지를 향하는 몇 가지 방법

트럭을 개조한 합승 버스인 '썽태우'는 치앙마이의 대표적인
교통수단이다. 빨간색 썽태우는 노선이 정해져 있지 않아
어디서든 썽태우를 잡아타고 어디서든 내릴 수 있다. 버스와
택시 사이의 어디쯤이라 생각하면 되겠다. 저 멀리서 빨간
썽태우가 오고 있다면 히치하이크를 하듯이 손을 들어
썽태우를 멈춰 세운다. 기사님에게 목적지를 말하면 가는
길이 아니라며 거절을 당하기도 하고, "오케이, ○○밧!"이라며
가격을 부르기도 한다. 그 가격이 괜찮다면 뒷문으로 타면
된다. 썽태우가 내가 가고자 하는 목적지와 다른 곳을
향한다고 해도 당황하지 말자. 앞서 탄 다른 승객의 목적지에
먼저 들르는 거니까. 그래서 썽태우를 타면 원치 않아도 시내
구석구석을 돌게 된다. 문이 그냥 뻥 뚫려 있어 매연은 덤이다.
(매림 등 외곽 지역으로 나갈 때는 정해진 노선을 따라 이동하는
노란색 썽태우를 탄다.)
썽태우가 잘 지나가지 않는 곳에서는 '미터 택시'를 타기도
했다. 거리에 비해서 요금이 비싸다고 생각했는데, 나중에 알고
보니 단단히 바가지를 썼었다. 탑승 전에 가격을 꼭 협상하는
것이 좋다. 최근에는 그랩GRAB이라는 택시 서비스를 치앙마이

어디에서나 이용할 수 있다. 정해진 가격이 없어 기사와
흥정을 해야 하는 미터 택시와 달리 '카카오택시'처럼 앱으로
주소를 찍어 택시를 부르고 카드로 결제할 수 있다. 아주
부드럽고 쾌적하게 목적지에 도착한다.

만약에 오토바이 면허가 있다면 스쿠터나 오토바이를 빌리는
것도 좋다. 오토바이를 타고 다니면 여행이 가능한 범위가
아주 넓어진다. 가고 싶은 곳이 있을 때 어디로든 갈 수 있다는
것은 너무나 매력적이니까.

이것도 저것도 아니면 역시 걷기다. 가장 아날로그적이며
시간이 오래 걸리지만 나에게는 가장 익숙한 이동 방식이다.
느리게 목적지로 이동하는 만큼, 빠르게 지나쳤다면 보지
못했을 아주 많은 장면을 볼 수 있다. 귀여운 가게나 길에 핀
꽃 같은 것들 말이다.

첫 번째 여행에서는 대부분 걷거나 썽태우를 탔고,
두 번째 여행에서는 대부분 그랩 택시를 이용했다. 효율적이고
편리했던 것은 물론 그랩 택시를 타고 다녔던 여행이었지만,
이래저래 불편하고 가끔 바가지를 쓰기도 했던 빨간색
썽태우를 타고 시내를 뱅글뱅글 돌던 순간과 뜨거운 거리를
꾸역꾸역 걷던 순간이 결국 더 기억에 남는 것은 왜일까.

치앙마이의 색

치앙마이의 색으로는 제일 먼저 노랑이 떠오른다. 치앙마이의
풍경에는 밝고 부드러운 레몬 빛 필터가 씌워져 있는 것 같다.
그리고 차례로 무성한 나무들의 진한 초록, 길가에 피어
있는 꽃의 새빨강, 수영장의 청량한 파랑. 채도 높은 컬러가
서로 경쟁하듯 자기주장을 펼친다. 치앙마이 스님의 옷은
아주 선명한 주황색이며, 사원은 황금색으로 칠해져 있다.
이 나라는 종교의 색마저 강렬하다. 치앙마이의 색은
무질서하게 뒤섞인 듯하지만, 가만히 보고 있으면 어떻게 이런
아름다운 조합이 있을까 감탄하게 된다.
그래서일까 사계절 무채색 옷을 즐겨 입는 나지만,
치앙마이에서는 채도가 높은 색의 옷을 많이 입었다.
이곳에서는 튀는 옷을 입어도 자연스러워 보인다.
치앙마이 외곽의 수공예 가게에서 구입한 원피스를 가장
즐겨 입었다. 물에 담그면 파아란 물이 흘러나올 것 같은 진한
파란색이었다. 시원하고 통풍이 잘되기도 했지만, 그 새파란
옷을 입고 밖으로 나가는 순간이 좋았다. 이 원피스를 입고
나서면 어쩐지 오늘 여행의 첫 단추를 잘 끼운 것 같은 기분이
든다. 길거리에서 완전히 똑같은 옷을 입은 백발 할머니를

만났을 때 서로를 알아보고 웃음을 터트리다가 함께 사진을 찍기도 했다.

도시의 세련된 무채색 팔레트도 사랑하지만, 이 에너지 넘치고 과감한 색상의 팔레트 안에 들어와 있으면 나 자신도 컬러풀하고 밝은 사람이 되고 싶어진다.

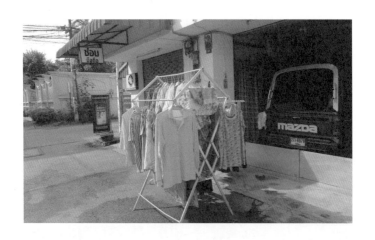

여름 나라 원피스와 코끼리 바지

치앙마이 여행에서 어떤 옷을 입어야 할지 모르겠다면
치앙마이에 도착해서 옷을 사는 것도 좋다. 그 나라의 기후와
정서에 가장 맞는 옷은 그 나라에서 판매되고 있을 테니
말이다.
치앙마이 시내를 걸으면 코끼리 바지를 입은 사람들을 수시로
마주친다. 화려한 무늬는 내 취향이 아니지만 다들 입고
있으니 '나도 한번?' 하는 생각이 든다. 길을 걷다 코끼리 무늬
옷을 다양하게 판매하는 가게를 발견했다. 가격도 부담 없어서
큰 고민 없이 한 벌을 골랐다. 통이 넓어 편하고 시원하며
"나 태국 여행왔다!"라고 외치는 것 같은 이 바지는 여행 내내
아무 생각 없이 입기 좋다. (한국으로 돌아와서는 잠옷으로
딱이다.)

품이 넉넉하고 얇은 빈티지 원피스 역시 치앙마이에서
구입해서 입기 좋은 옷이다.
올드시티 왓 프라싱에서 걸어 올라가다보면 'LOVE 70's'라는
빈티지 옷가게가 있다. 줄줄이 늘어선 옷걸이를 헤집으며
마음에 드는 원피스를 찾아본다. 어떤 옷이 나를 기다리고

있을지 모른다는 점은 빈티지 쇼핑을 가장 흥미롭게
만들어주는 부분이다. 같은 날, 같은 시간에 이곳을 가더라도
우리는 서로 다른 옷을 발견하게 될 것이다. 그리고 마침내
내 취향의 무늬가 프린팅된 원피스를 만났을 때의 기쁨이란!

Love 70's
54/2-4 Singharat Rd, Tambon Si Phum, Mueang Chiang Mai District,
Chiang Mai 50200 태국
영업시간 12:00~21:00
연락처 +66 89 151 1505

jibberish home studio
230 M.3 T Mae Hia, Muang Chiang Mai 50100 태국
영업시간 금~일요일 9:00~19:00
연락처 +66 86 252 9489

태국 음식 먹으러 왔는데요?

나는 연남동이 유명해지기 전, 연남동 구석에 있는 가게
'툭툭누들타이'에서 처음으로 태국 음식을 접했다(지금은 확장
이전했다). 당시 베트남 음식과 태국 음식의 차이도 모르던
나를 언니들이 어떤 반지하의 가게로 데려갔다. 밖에서 조용해
보였던 식당은 사람들로 가득 차 있었고, 처음 맡아보는 향이
가득했다. 한국이 아닌 어딘가로 순간 이동 한 기분을 느끼며
우리는 빈자리에 앉았다.

메뉴판을 들여다봤지만 음식 이름이 너무 생소하고 어려웠다.
이곳에 자주 왔던 언니가 척척 주문했다. 똠얌꿍과 풋팟퐁
커리, 솜땀……. 도대체 무엇을 시킨 것인지 짐작도 가지 않는
이름들이었다. 똠얌꿍의 맛을 뭐라고 설명해야 할까. 신맛,
단맛, 매운맛이 오묘하게 섞인 당황스럽지만 중독성 있는
맛이었다. 풋팟퐁 커리의 달콤함과 부드럽게 씹히는 꽃게는
고소함에 눈이 반짝 떠졌다.

식당 안에 있던 사람들이 "여기 고수 좀 더 주세요!"라고 외친
후 샐러드 먹듯 고수를 집어 먹는 모습을 본 탓에, 고수란
응당 그렇게 먹어야 하는 것인 줄 알았고 호불호가 강한
식재료라는 사실도 몰랐다. (내가 고수에 불호가 없었다는 게

얼마나 다행인지. 고수를 싫어했으면 이 맛있는 음식들을 모두
못 먹을 뻔했다!)

맛있게 잘 먹는 나를 보며 흐뭇해하던 언니가 한마디 했다.
"여기서 10번 먹을 돈 모아서 치앙마이에 가면 같은 메뉴를
100번 먹을 수 있어."
'와 그거 엄청 좋네!' 당시에는 처음 들어보는 지명이었지만
그곳에 가면 이런 맛있는 음식을 잔뜩 먹을 수 있다는
이야기는 뇌리에 깊숙이 박혔다.

그리고 치앙마이에 와서 그게 무슨 말인지 완벽하게 이해할
수 있었다. 오늘은 무엇을 먹을지 고민하는 것이 여행 내내
심각하고 진지한 고민거리였다. 치앙마이는 먹을 게 너무
많아서 괴로운 곳이고, 무엇을 먹어도 행복한 곳이다.

→ 태국 음식 리스트 ←

● **똠얌꿍 Tom yam kun**
다양한 재료와 향신료를 넣어 짠맛, 신맛, 매운맛, 단맛 등등의 맛이 섞여 나는
태국의 정통 국물 요리

● **팟타이 Phat tai**
태국식 쌀국수 볶음면. 국수와 함께 달걀, 남 쁠라(어장), 타마린드주스, 붉은 고추,
새우, 닭고기, 두부 등을 넣고 고명으로 고수, 라임, 으깬 땅콩 등을 얹어 만든다.
어디서든 쉽고 가볍게 먹을 수 있다.

● **푸팟퐁 커리 Pu pad pong curry**
튀긴 게를 코코넛밀크와 달걀이 들어간 부드러운 커리 소스에 볶아 만든
해산물 요리

● **쏨땀 Som tam**
그린 파파야를 채 썰어서 마른 새우, 고추, 땅콩 가루, 라임 등과 섞어 먹는
태국식 샐러드. 중간중간 입을 개운하게 해주고 포인트가 되어준다.

● **팟끄라빠오무삽 Pad krapao moo sap**
다진 돼지고기에 태국 바질로 향을 내고 고추로 매운맛을 내어 밥에 얹어 먹는
태국식 돼지고기 덮밥

팟타이 중독자

함께 여행을 다녔던 친구는 어떤 음식에 꽂히면 그것을 질릴
때까지, 월요일부터 일요일까지 먹고도 월요일에 또 먹을 수
있는 사람이었다. 그리고 이 여행에서 그녀는 팟타이에 완전히
꽂혔다. (수시로 팟타이를 먹자고 그랬는데 체감상 매끼 먹자고 하는
것 같았다.) 어쨌든 오늘도 우리는 팟타이를 먹기로 했다.

팟타이를 맛있게 먹는 법은 간단하다.
하나, 길을 걸으며 맛있어 보이는 집을 스캔한다. (포장해 가는
사람이 많거나, 주인이 포스 있어 보이는 곳!)
둘, 자연스럽게 다가가서 팟타이를 주문한다.
셋, 커다란 무쇠솥에 치킨과 면, 달걀이 재빠르게 볶아지는
장면을 멍하니 지켜본다.
넷, 주인이 접시에 무심하고 시크하게 툭 부어주면 팟타이가
완성된다.
다섯, 땅콩 가루와 라임 즙을 뿌리고 식기 전에 먹는다.

태국에서 팟타이는 정말 어디서나 파는 흔하디흔한 메뉴라
1일 1팟타이를 하는 것이 어려운 일은 아니었고 점점 나도

팟타이에 중독이 되어갔다. 한국에 돌아와서 치앙마이의
팟타이를 떠올리며 여러 식당에서 팟타이를 주문해봤지만
역시 그때 그 맛은 나지 않았다. 그러니 치앙마이까지 가서
빵이니 디저트니 하는 걸 먹는 것보다 (한국은 디저트 강국이다)
팟타이를 많이 먹고 오는 게 무조건 남는 장사다!

시장에서 먹는 아침

여행을 떠나기 전에 치앙마이를 다녀왔던 지인들에게 맛있게
먹었던 음식을 묻고 다녔다.

"숙소 근처에 시장이 있었는데 거기 과일이 잔뜩 들어간
요구르트가 맛있었어. 정확한 위치는 모르겠고 아무튼
시내야." 어딘지 미리 검색해봐야겠다는 의욕조차 들지 않을
만큼 광범위하고 추상적인 제보였지만, 일단 머릿속에 지인이
보여준 사진을 입력해두었다. 어느 시장인지도 모르지만
'시장마다 그런 가게가 하나씩은 있을지도 몰라' 하면서
말이다.

이른 아침, 숙소 근처의 시장으로 향했다. 의외로 크지
않은 소박한 시장에서 나는 금세 과일이 쌓여 있는 가게를
발견했다. 가게 바로 앞까지 도착해서 깨달았다. 이곳은 지인이
말했던 바로 그 가게였다. 조금은 유치한 알록달록한 무늬의
테이블보를 쓰는 곳이 또 있을 리 없었다. 단박에 제대로
찾아온 것이다. 세상에!

요구르트를 주문하자 주인은 아이스박스에서 과일들을 꺼내
큼직큼직하게 썰기 시작했다. 별것 아닌 요리지만 태국의
신선한 과일들과 꿀이 듬뿍 들어가니 맛이 없을 수가 없다.

만족스럽게 그릇을 비우고 지인에게 요구르트 사진을 보내며
"여기 왔어요!"라고 메시지를 보내자 자기가 테이블 구석에
아주 작은 스마일 스티커를 붙여두었는데 혹시 보았냐고
묻는다. 이미 시장을 빠져나와 스티커를 찾아보지는 못했지만
아마도 붙어 있을 것이다. 나도 '참 맛있었어요' 칭찬 스티커를
마음속으로 붙였다.

너와 나의 카페 사랑

한국인의 카페 사랑은 가끔 유난스럽다는 생각이 드는데
의외로 태국 사람들 역시 만만치 않다. 새로운 카페가
계속해서 생겨나고 태국 젊은이들이 그곳을 채운다.
카페에서는 한국과 물가 차이가 크게 느껴지지 않는다. 어찌
되었든 거리에 카페가 많은 것은 카페인을 수시로 보충을
해줘야 하는 나에게는 반가운 일이다.

길을 걷다가 눈앞에 보이는 카페에 가는 것도 좋지만, 하루에
한 번은 한국에서부터 야심 차게 알아 온 카페를 일정에 넣곤
했다. 금세 채워지고 다시 부족해지는 카페인처럼, 잘 꾸며진
예쁜 공간에 가서 무언가를 마시고 싶다는 단순한 욕망 역시
중독성이 있다. 가도 가도 금세 또 가고 싶어진다. 그 욕망은
나를 치앙마이 이곳저곳의 카페로 이끌었다. 카페에서 음료를
마시는 시간은 다음 일정을 즐기기 위한 배터리를 충전하는
시간이기도 하지만, 그 자체로도 무척 만족스럽기에, 나에게는
절대 포기할 수 없는 시간이다.

➔ 추천 카페 ←

● Khagee
29 30 Chiang Mai-Lamphun Soi 1, ตำบล วัดเกตุ Mueang Chiang Mai District,
Chiang Mai 50000 태국
영업시간 9:00~17:00 (월요일, 화요일 휴무)
연락처 +66 82 975 7774
빈티지하고 편안한 공간. 민트색의 테이블에서 맛있는 커피 한 잔과 케이크를
즐길 수 있다.

● Graph Cafe
25/1 ถนน ราชวิถี แยก 1 ตำบล ศรีภูมิ Mueang Chiang Mai District, Chiang Mai
50200 태국
영업시간 임시 휴업 중
연락처 +66 86 567 3330
숯 커피(모노크롬 커피)가 유명한 카페. 특이하고 개성 있는 메뉴를 선보인다.

● FLOUR FLOUR slice
26 Nimmana Haeminda Rd Lane 17, Tambon Su Thep, Mueang Chiang Mai
District, Chiang Mai 50200 태국
영업시간 8:30~16:00
연락처 +66 92 916 4166
빵과 수프가 무척 맛있다. 간단한 브런치를 먹기에 좋다.

● Gateway Coffee Roaster
50300 Chang Moi Rd Soi 2, Tambon Chang Moi, Mueang Chiang Mai
District, Chiang Mai 50300 태국
영업시간 9:00~18:00
와로롯 시장 근처의 2층에 있는 편안한 분위기의 카페로, 쇼핑을 마치고
쉬어 가기 좋다.

● Khunkae's Juice Bar

19 3 Mun Mueang Rd, Si Phum Sub-district, เมือง Chiang Mai 50200 태국

영업시간 9:00~19:30

연락처 +66 84 378 3738

원하는 재료들을 말하면 즉석에서 주스를 갈아주는 주스 바. 요가를 마치고 온 사람들이 눈에 띈다.

● Bart coffee

51 Moon Muang Rd Lane 6, Si Phum Sub-district, Mueang Chiang Mai District, Chiang Mai 50300 태국

영업시간 8:00~16:30

연락처 +66 99 049 4688

진하게 내린 커피에 크림이 올라간 더티 커피가 무척 유명하다.

Akha Ama Coffee Original
9/1 Mata Apartment Hussadhisawee Rd., Soi 3
Changphuak, Muang, Chiang Mai 50300 Thailand

Akha Ama Coffee La Fattoria
175/1 Rachadamnoen Rd.,
Phasing, Chiang Mai 50000 Thailand

Akha Ama Living Factory
218 Moo.1 Huai Soi Mae rim,
Chiang Mai 50180 Thailand

Socially Empowered Enterprise

TASTE

Apricot Floral
Fully ripe apricot
Tangerine and
bright

AKHA AMA
SINCE 2013

SOCIALLY
EMPOWERED
ENTERPRISE

FARMER: Sinthop
VILLAGE: Maejantai
ELEVATION: 1,400 mts.
PROCESS: Wash
VARIETY: Catuai/Catimor

JAN 2020

250g.
NET WT

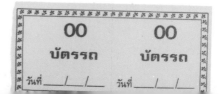

160 hat
45 hat

3

딱 5분만 귀를 기울이면

아무리 빡빡한 여행 일정을 소화하고 있는 이라도 5분 정도
시간은 낼 수 있을 것이다. 음식을 주문하고 기다리는 5분,
택시를 불러놓고 기다리는 5분, 가게 앞에서 줄을 서 있는
5분……. 여행 중 소소하게 뜨는 5분을 투자해서 여행을
특별하게 만드는 방법을 소개한다.

➜ 5분짜리 미니 워크숍 ⬅

핸드폰을 잠시 내려놓고 타이머를 맞춰놓는다.
딱 5분만 눈앞의 모든 것을 집중해서 관찰하고 인상적인
장면을 기록해본다. 당연히 그 짧은 시간 동안에 완벽한
그림을 그리거나 잘 짜인 글을 쓸 수 없다. 오감을 열고 지금
당장 눈에 보이는 것들 중 인상적인 형태를 드로잉을 해보고
들려오는 소리를 적어본다.
시작하기 전에 보이지 않았던 것들이 들리고 보이는 신기한
일이 일어날 것이다. 발밑에 하얀 꽃이 숨어 있었던 것,
어린아이들이 지나가면서 왁자지껄하게 웃고 있었던 것,
저 멀리 흙먼지 속에 작게 보이는 풍경들이 무척 아름답다는
것…….

핸드폰을 들여다보느라 놓칠 뻔했던 풍경을 그제야 본다.
도시의 외침이 아닌 낮은 속삭임을. 일부러 시간을 내어
멈추었을 때 비로소 자신을 보여주는 것들을.

거대한 초록

이 나라의 식물들은 제대로 된 추위를 경험해본 적이 없을
것이다. 가장 추울 때라고 해봤자 영상 12도 정도라고 하니
말이다. 1년 내내 뜨거운 햇살과 충분한 습도. 식물에는 축복
같은 환경은 모든 식물을 놀라울 만큼 거대하게 키워냈다.
걸어가는 길마다 나보다 훌쩍 키가 큰 잎사귀들이 늘어져
있다. 양손으로도 안을 수 없는 몸통을 가진 오래된 나무들을
어디서나 쉽사리 만날 수 있고, 수백 송이의 화려한 꽃들을
늘어뜨린 나무 또한 그러하다. 자연의 원시적인 생명력과
존재감이 넘쳐흐른다. 이 거대한 초록의 향연은 회색 도시에서
살아왔던 나에게 충격으로 다가왔다.
누군가에게는 평생토록 봐온 당연한 풍경이지만,
누군가에게는 생애 처음 보는 광경. 외지인이기에 느낄 수 있는
경이로움. 우리는 이런 작고 큰 충격들을 느끼기 위해 익숙한
곳을 떠나 멀리, 조금 더 멀리 가보는 것이 아닐까.

우리의 정신을 빼놓았던 가게들

몇 년 전 첫 치앙마이 여행에서는 라탄에는 관심이 전혀
없었다. 유명한 라탄 가게에서 사진을 몇 장 찍고 무심히
지나쳤었다. 하지만 두 번째 여행은 출발 전부터 벼르고 벼른
것이 바로 라탄 쇼핑이었다!

와로롯 시장 초입에 있는 라탄 가게에는 앞뒤 양옆으로
온갖 라탄 제품이 쌓여 있었고, 우리는 신나게 라탄을 주워
담았다. 고개를 살짝 돌릴 때마다 새롭고 예쁜 라탄 제품이
가득했다. 서로가 발견한 것을 보여주고, 가격을 묻고 돌아서면
또 새로운 예쁜 것이 발견되어 아까 잡았던 것을 내려놓고
또 새로운 것을 고르고……. 흥분해서 제정신이 아니었다.
정신없이 쇼핑을 마치고 카페에 뻗어버렸다.

다음 날, 동생이 말했다. "우리 라탄 가게 한 번 더 가지
않을래?" 대환영이었다. 우리는 다른 일정을 하나 날려버리고
다시 라탄 가게로 돌아왔다. 두 번째라 더 체계적으로 쇼핑할
수 있을 줄 알았는데, 마찬가지로 제정신은 아니었다. 아무튼
우리는 양손 가득 라탄이 든 바구니를 들고 가게를 나왔다.
라탄 쇼핑만큼은 후회 없었다고 자신 있게 말하겠다.

리행 퍼니처 싸카쌩 (라탄 거리)

Chang Moi Rd, Tambon Chang Moi, Mueang Chiang Mai District, Chiang
Mai 50300 태국

영업시간 10:00~16:00

서너 개의 라탄 가게가 서로 이웃해 있다.

아름다운 물건들 속에서 나를 고민에 빠트렸던 것, 바로 3단 법랑 도시락 통이었다.

3단으로 쌓인 원통 모양과 스테인리스 손잡이, 사랑스러운 색감 구성에 저렴한 가격까지! 완벽한 식기류를 앞에 두고 깊은 고민에 빠졌다. 아무리 생각해도 나는 도시락 통을 쓸 일이 없는 사람인 것이다. 음식을 싸서 놀러 가지도 않으며, 집 겸 작업실에서 일하는 프리랜서라 점심 도시락을 쌀 일도 없다.

결국 이성이 이겼다. 나는 법랑 도시락을 내려놓고 무난하게 쓰임새가 좋아 보이는 법랑 접시 몇 개를 골랐다. 계산하며 힐끔 돌아본 3단 도시락은 여전히 사랑스러웠다. 다음에 치앙마이 여행을 오기 전에 피크닉을 취미로 만들어도 좋겠다. 다음에 이곳에 들러 당당하게 법랑 도시락 통을 집어들 수 있도록 말이다.

지앙하 키친웨어

Kuang Men Rd, Chang Moi Sub-district, Mueang Chiang Mai District, Chiang Mai 50300 태국
영업시간 10:00~17:00 (일요일 휴무)

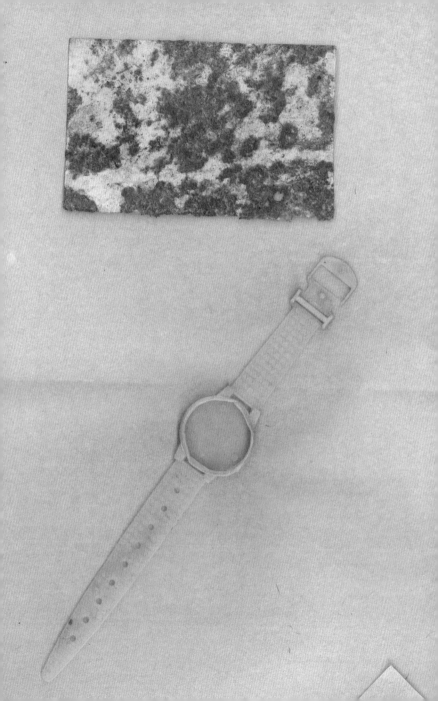

코코넛을 좋아하나요?

더운 나라를 여행하다보면 카페인 보충만큼 수분 보충이
간절해진다. 그럴 때 가장 좋은 것은 역시 생코코넛 주스다.
코코넛이 잔뜩 쌓여 있는 가게로 걸어가 코코넛 주스를
주문한다. 주인은 아이스박스에 들어 있던 코코넛 한 통을
꺼내어 윗부분을 잘라내고 바로 빨대를 꽂아준다. 코코넛
한 통을 양손으로 들고 빨대로 코코넛 워터를 빨아올린다.
적당한 시원함과 은근한 단맛이 목을 타고 내려가니, 속이
시원해지고 머리까지 맑아지는 느낌이다.

팩에 든 코코넛 음료를 비호감으로 여기는 분들도 꼭
생코코넛 주스를 먹어보시라. "지금까지 내가 먹은 코코넛
주스는 가짜였어!"를 외치게 될 테니. (이상하게도 기진맥진해져
쓰러질 것 같을 때는 또 파는 곳이 안 보이니, 보일 때 놓치지 말고
사 먹도록 하자!)

THAI TEA MIX

Original Thai Tea

PRODUCT OF THAILAND

ดอกอัญชัน
BUTTERFLY-PEA
ของฝากจากเชียงใหม่

฿ 50

Butterfly
Pea

*

'나는 그래도 코코넛 주스가 싫다'는 사람에게는
안찬티(버터플라이 티)나 타이 밀크티를 추천한다. 안찬꽃은
밥이나 반죽 등을 파란색으로 물들이는 데 많이 사용된다.
파란색 안찬꽃을 말려 우린 티는 함께 나오는 레몬 즙을
넣으면 산과 반응해 보라색으로 변하는 것을 볼 수 있어 눈이
즐거운 메뉴다. 타이 밀크티 역시 어느 식당에 가도 쉽게 만날
수 있는 음료수인데, 연유가 들어간 달달한 주황색의 밀크티는
태국 음식과 무척 잘 어울린다. 타이 밀크티가 마음에
들었다면 차트라뮤ChaTraMue사의 타이 티 믹스나 티백을
구입해 와서 오랫동안 즐기는 것도 좋다.

9" Pesto Ricotta   200

Starbucks Coffee
WELCOME TO STARBUCKS COFFEE
STARBUCKS CHIANGMAI NIMMANHEMIN
08 4438 7504
============================
HAVE A GRANDE DAY

36 Thanavan

Chk 6712   Jan22'20 01:35PM

1 L. COLD BREW   130.00
  Each   130.00

Total   130.00
Payment   130.00

  9.50 VAT TTL   130.00
  Net TTL   121.50
TAX INVOICE(ABB) 200122-02-06923
State 2195541008648(VAT Included)
0QSNER6500002A0537

Join Starbucks Rewards now.
Collect 1 Star from every 25
Baht & those Stars add up to
Rewards. Activate Starbucks Card
with minimum 100 Baht & register
at www.starbucks.co.th
or Starbucks TH app.
Thank You.

6

여행하며 일하는 사람들

치앙마이에서는 노트북을 펴놓고 작업하는 사람들을 쉽게 볼 수 있다. 프리랜서, 작가, 개발자……. 첨단 디지털 장비를 갖추고 여러 나라를 다니며 일하는 사람들. 일하는 데 필요한 요소를 극단적으로 줄이고 노트북과 인터넷만으로 자유롭게 자신이 일할 장소와 시간을 선택한 이들을 '디지털 노마드'라 부른다.

전 세계 디지털 노마드에게 치앙마이는 매우 인기가 많은 나라다. 물가가 저렴하고, 와이파이가 비교적 빠르며(한국인의 기준에는 당연히 부족하지만), 작업을 할 수 있는 카페가 많기 때문이다. 24시간 영업을 하는 마야몰 5층의 CAMP, 크리에이티브 도서관 TCDC 등은 이미 디지털 노마드 사이에선 핫스팟이다.

하지만 노트북을 들고 가서 작업하기 하면 역시 스타벅스만한 곳이 없다. 한국에서도 너무나 쉽게 갈 수 있는 스타벅스지만 각국의 개성을 지닌 스타벅스를 방문하는 것은 꽤 재미있는 일이다. 익숙함 속에서 다름 찾기라고나 할까? 국가마다 다른 굿즈를 구경하는 것도 재미있다. 님만해민에 위치한 스타벅스는 목조 건물과 개방감 있게 트인 정원에 야외

테이블을 배치해 태국의 분위기를 물씬 살렸다. 이곳에서도 혼자 일하는 사람들을 쉽게 만나볼 수 있었다.

나는 이렇게 카페에서 묵묵히 일하는 사람들을 보면 이상하게 마음이 편해진다. 사람들이 밀하는 소리, 타닥타닥 키보드를 두드리는 소리, 책을 넘기는 소리, 음악 소리, 커피머신 소리. 이대로 녹음하여 유튜브에 '카페 ASMR'로 올려도 될 것만 같다. 이 소리를 들으면 나는 자연적인 소리를 들을 때보다 훨씬 집중이 잘된다.

여행하며 일하는 그들 중 한 자리에 나를 넣어보는 상상을 한다. 묵묵히 오늘 분량의 일을 해내고 치앙마이 여행자로 퇴근하는 생활은 무척이나 근사하게 느껴진다. "언젠가 기회가 된다면" 위시리스트에 오늘도 한 줄을 더 추가한다.

Starbucks 님만해민
Tall Teak Plaza 43 Nimmanahaeminda Road, Mueang Chiang Mai District, Chiang Mai 50200 태국
영업시간 6:30~21:30
연락처 +66 53 210 478

Camp (Creative and meeting place)
마야몰 5층, Chang Phueak, Mueang Chiang Mai District, Chiang Mai 50300 태국
영업시간 8:00~23:00
연락처 +66 52 081 199

TCDC

1/1 Muang Samut Rd, Chang Moi Sub-district, อำเภอ เมืองเชียงใหม่ Chiang Mai 50300 태국

영업시간 10:30~18:00 (월요일 휴무)

연락처 +66 52 080 500

하루 이용료 100B

아침의 행복

이상하게 여행지에서는 새벽부터 눈이 반짝 떠진다.
본격적으로 오늘의 여행을 시작하기 전, 어떤 관광지도,
가게도 문을 열지 않은 이른 아침 숙소에서 보내는 시간을
무척 좋아하기 때문일지도 모른다. 바쁘게 나가봤자 딱히
할 일도 없는 그 시간엔 무엇을 해도 좋다.
어느 유명 호텔에서 조식 아르바이트를 한 적이 있다. 출근은
새벽 6시였고, 손님들의 여유로운 아침을 위해 모두가
분주하게 움직였다. 손님들이 성의 없이 한두 스푼 떠먹고 말
음식이라도 맛있고 예쁘게 만들어야 했는데, 그림의 떡 같은
음식들을 보면서 이 알바를 그만두는 날에 꼭 조식을 먹으러
오겠다고 다짐했었다. (막상 알바를 그만둘 즈음에는 모든 것에
질려버렸기 때문에 손님으로도 가고 싶지 않았다.)

오늘의 요리사는 단 한 명이고 아침을 먹을 손님 역시 단 한
명이다. 열대 과일을 먹기 좋게 자르고, 어제 샀던 법랑 그릇에
요구르트를 담는다. 요구르트에 패션 푸르트를 반으로 잘라
과즙을 짜 넣고 캐슈넛 토핑을 더했다. 나를 위한 조식은
내 페이스대로 천천히 만들어도 상관없기에 정성스럽고

예쁘게 준비한다.

아침 햇살이 차르르 들어오는 창가 식탁에서 아침을 먹는다.

과일과 요구르트를 야무지게 싹싹 긁어먹고, 드립 커피도

천천히 내려 마시며 오늘의 계획을 다시 살폈다. 이렇게

부지런을 떨고도 아직 아침은 끝나지 않았다. 오늘이 많이

남았다는 기분에 어쩐지 부자가 된 기분이다.

우연한 만남

치앙마이에 도착해 여행 중인 것을 SNS에 올리자, 오래전에
잠시 인연이 있었던 지인이 자신도 지금 치앙마이라고
메시지를 보내왔다. 우리는 며칠 후 올드 타운에서 함께
저녁을 먹기로 했다.

너무 오랜만에 만나서 어색할까봐 걱정되었지만, 막상 만나니
비어 있던 시간이 무색했다. 그 사람은 그대로인 것 같았고
우리는 신나서 근황을 떠들었다. 그동안 어떻게 지냈는지,
함께 알던 지인은 요즘 무엇을 하는지, 지금 어디에 묵고
있는지, 오늘은 어디를 갔다 왔는지, 내일은 어디를 갈 것인지,
추천하는 음식점은 어딘지……. 이야깃거리는 끝도 없었다.
저녁 한 끼 같이 먹자는 약속은 "혹시 저녁 먹고 재즈바
같이 가실래요?" 하는 식으로 이어져 다음 날 점심 일정까지
계속됐다.

두 사람이 무수히 많은 여행지 중 같은 장소에, 같은 시간에
있기를 선택하는 확률은 무척 낮다. 그래서 이 우연한 만남은
아주 특별하게 느껴졌고 알 수 없는 유대감마저 느껴졌다.
이 넓은 지구에서 한국이라는 작은 나라, 같은 도시, 같은

시간을 살고 있는 사실 역시 희박한 확률일 텐데, 일상에선 몰랐다. 어쩌면 당연한 것과 특별한 것은 그저 어떻게 생각하느냐에 달려 있는 게 아닐까.

지인이 꼭 먹고 싶었다던 망고 빙수를 먹으며 우리는 서울에서 나중에 다시 만나기를 기약했다.

↓
돔카페 (현재 폐업)

재즈 앤 칵테일 나이트

저녁 8시부터 시작되는 재즈 공연을 보기 위해 지인과 나는
저녁을 먹고 노스 게이트 재즈 바를 향해 걸었다. 재즈 바
근처에 도착하니 굳이 지도를 확인하지 않아도 저곳이구나
하고 알 수 있었다. 내부에 사람이 꽉 차 도보는 물론이고
차도까지 손뼉을 치며 공연을 구경하는 사람들로 가득했다.
흘러나오는 음악과 불빛은 빨리 와서 여기에 합류하라고
우리를 재촉했다. 우리는 그곳으로 빨려 들어갔다.
사람들을 헤치고 안쪽으로 들어가 lio 맥주 한 병을 사서
2층으로 올라갔다. 허름해서 약간 불안하기도 한 2층의 난간
앞은 연주를 감상하기에 최고의 명당이다. 처음 들어보는
곡이었지만 열정적인 공연과 화려한 솔로 파트에 매료되었다.
"마지막 곡입니다!" 밴드는 마지막 곡에 모든 것을 쏟아내듯
연주했고 나는 그 열기를 홀린 듯이 내려다보았다. 조금
전보다 뜨겁게 박수와 환호를 보내면서. 매일 밤 노스
게이트에 가기 위해 숙소를 그 근처로 잡았다던 누군가의
말이 절로 이해되는 순간이었다.

노스 게이트보다 훨씬 작고 모던한 느낌의 재즈 바 모멘츠

노티스. 칵테일을 주문하고 비어 있는 자리에 앉았다. 작은
체구의 여자 보컬이 뿜어내는 파워풀한 목소리가 가게
안을 꽉 채웠다. 연주자들과 눈빛을 주고받으며 자연스럽게
변주되는 멜로디, 공간을 채우는 재즈 그리고 약간의 알코올.
기분 좋을 수밖에 없는 밤이다.

The North Gate Jazz Co-Op
91 1-2 Sri Poom Rd, ตำบล ศรีภูมิ อำเภอ เมืองเชียงใหม่ Chiang Mai 50200 태국
영업시간 19:00~24:00
연락처 +66 81 765 5246

Moment's Notice Jazz Club
193 11 Sridonchai Rd, Tambon Chang Khlan, Mueang Chiang Mai District,
Chiang Mai 50100 태국
영업시간 20:00~24:00
연락처 +66 82 168 3029

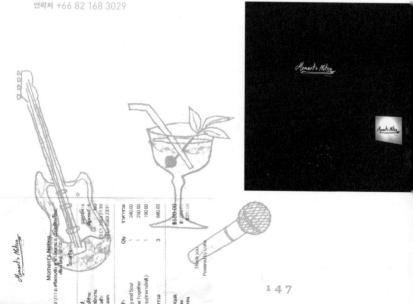

인생 마사지를 찾아서

지인과 수다를 떨던 중에 마사지 이야기가 나왔다. 마사지에
크게 관심이 없는 나와 다르게 지인은 치앙마이에 오기
전부터 아주 유명한 마사지사에게 예약해두었다고 했다.
그 사람에게 마사지를 받으면 다시 태어나는 기분이라나
뭐라나. 그런 이야기를 듣고 있으니 아무리 관심이 없었어도
'나도 한번 받아볼까?' 하는 생각이 피어났다. 다시 태어나게
해준다는 유명한 마사지사는 예약이 몇 달 치씩 밀려 있어서,
내 나름대로 마음에 드는 곳을 골라 다리 마사지를 예약을
했다.

기빙트리 마사지숍의 마사지는 차와 과자를 내어주고 발을
먼저 씻는 것으로 시작한다. 마사지사가 발을 씻는 수반에
허브와 꽃을 뿌리고 부드러운 듯 단호한 손놀림으로 발을
씻어준다. 금세 몸이 노곤해진다.
갑자기 고등학생으로 보이는 교복을 입은 여자아이가
책가방을 메고 들어왔다. 모두와 웃으면서 인사하더니
책가방을 던져놓고 교복을 입은 채로 마사지를 도와주기
시작했다. 소녀는 쑥스러워하거나 머뭇대는 기색은 없었다.

나만 어린 친구에게 일을 시키는 것 같아 마음이 불편했다. 단골손님들과는 모두가 아는 사이인지 손님이 오면 이름을 부르며 오랜만이라며 활기차게 인사했고, 그녀는 물 흐르듯이 접객부터 마사지, 계산까지 척척 해냈다. 그 얼굴은 자신감에 차 있었다. 그녀는 확실하게 1인분의 역할을 해내고 있었다. 아마 그녀는 졸업하면 가족과 함께 본격적으로 일할 것이고 이 가게를 물려받을 것이다.

한 시간의 마사지가 끝나자 나도 몰랐던 여행의 피로가 한 꺼풀 씻겨나간 느낌이 든다. 가뿐해진 다리로 기분 좋게 나서며 다음엔 전신 마사지를 받으러 다시 와야겠다고 다짐했다. (마사지가 끝나면 상당히 나른해지니 저녁에 받는 것을 추천한다.)

Giving Tree Massage
5 13 Rachadamnoen Rd Soi 7, Tambon Si Phum, Mueang Chiang Mai
District, Chiang Mai 50200 태국
영업시간 11:00~18:00
연락처 +66 53 326 185

Sense Garden Massage
33/2 Sri Poom Rd, Tambon Si Phum, เมือง Chiang Mai 50200 태국
영업시간 11:00~21:00
연락처 +66 52 016 029

치앙마이 쇼핑의 함정

치앙마이에서 쇼핑을 신나게 한 첫날의 감상은 이러했다.
이만큼이나 샀는데 가격이 이것밖에 안 나온다고? 그러곤
싸다고 신나서 사온 물건들을 천천히 살피다보면 저렴한 만큼
완성도에서는 구멍이 숭숭 뚫려 있다는 사실을 알게 된다.
이 조악한 물건들은 어디서 오는 걸까? 컨베이어벨트가
움직이는 최신식 공장이 아니라 사람들이 적당히 대충 물건을
만드는 허술한 공장이 떠오른다. 라탄이 좀 느슨하게 묶이긴
했지만, 이번 지우개에는 도장이 비스듬하게 찍혔지만
'뭐 어때' 하면서 아무도 신경 쓰지 않는 그런 공장. 이 무언가
빈틈이 있어 보이는 물건들은 의외로 꽤 매력적이다. 하나하나
같지 않아서, 만든 사람의 손길을 상상할 수 있어서.
한국보다 물가가 너무 저렴해서 깜짝 놀라던 시기가 지나면,
어쩐지 이 물건은 비싸다고 느껴지는 때가 온다. 드디어
치앙마이 물가에 익숙해진 것이다. 비교 단위를 1팟타이로
하기로 하자. 아주 멋진 도자기가 있지만 망설여진다. 왜냐하면
이 돈이면 치앙마이에서 팟타이 10그릇을 사 먹을 수 있기
때문이다. 한국에서 1000바트(약 3만원)은 맛있는 한 끼
식사에도 다 써버릴 수 있는 돈이었지만 어느 순간 그 가치가

25 บาท
4 ใบ 100฿

Chiang mai
summer Look

팟타이 10그릇을 먹을 수 있는 돈으로 바뀌어버린 것이다.

이상한 계산식이지만 정말 그렇다.

그렇게 망설이다가 지나가버린 물건들은 대부분 다시 만나기
쉽지 않고 한국에 돌아오는 순간부터 이렇게 후회한다.

"아! 더 사올걸! 비싸지도 않았는데 왜 안 샀지?"

후회 없는 쇼핑을 하리라 다짐했던 두 번째 여행에서도 또
같은 일이 일어났다. 지내다보면 치앙마이 물가에 익숙해지고,
별로 싸지 않다며 물건을 내려놓는다. 그리고 한국에
돌아와서는 아쉬워한다. 글쎄 그게 그렇게 된다니깐.

높은 곳에서 부는 바람

치앙마이 시내에서 멀지 않은 도이 산의 해발 1600미터에
위치한 도이수텝 왓 프라탓은 치앙마이를 대표하는 사원이다.
(많은 여행자들에게 '도이수텝'으로 많이 불리지만 도이수텝은
사원이 있는 산의 이름이고 사원의 정식 명칭은 왓 프라탓이다.)
이 사원은 치앙마이 대학교 후문에서 썽태우를 타고 올라갈
수 있는데, 보통 열 명 정도 모아서 출발한다. 그러나 우리가
탄 썽태우는 아무리 기다려도 더 합류하는 사람이 나타나지
않았다. 더 이상 탈 사람이 없어 보이자 기사 아저씨는 실망한
듯이 우리만 태우고 출발했다. 일몰 시작 전에 도착하고
싶었기에 다행이었다. 구불구불 좁은 산길을 따라 올라가는
썽태우의 창밖으로 어느새 시내가 작게 보이기 시작했다.
입구에서 300개의 계단을 걸어서 올라가면 거대한 사원이
모습을 드러낸다. 란나 왕조 시절 부처의 진신사리를 운반하던
흰 코끼리가 스스로 산에 올라 탑을 세 바퀴 돌다 쓰러져
죽었고, 그 자리에 사원을 세웠다는 전설이 내려온다.
하지만 사원을 살필 시간은 없었다. 벌써 해가 지기 시작했기
때문이다. 사람들이 많이 모여 있던 전망대 대신 인적 드문
난간 앞에 자리를 잡았다. 높이 올라온 만큼 치앙마이가

한눈에 내려다보였다. 높은 빌딩이나 눈에 띄는 랜드마크 같은
것 없이 낮게 깔린 도시와 산의 풍경은 고요하고 평화로웠다.
미지근한 산바람이 우리를 만지고 지나갔다. 치앙마이에서
처음 느끼는 바람이었다.

함께 있던 친구가 지금 이 노래를 들으면 좋을 것 같다며
라디오헤드의 〈노 서프라이즈〉를 들려주었다. 이전에도 들어본
적 있었지만 그저 흘러갔던 그 노래는, 하늘이 물들어가는
찰나의 색깔 위로 덧입혀지며 특별한 노래로 바뀌었다.
그 순간이 행복하다고 느꼈던 것은 나만은 아니었으리라.
짙은 보라색 어둠이 내려앉고, 도시의 조명들이 듬성듬성
별처럼 반짝이기 시작했다. 하늘의 별과 땅의 별이 서로
존재감을 더해가며 밤은 찾아왔다. 문득 뒤를 돌아보면
찬란한 금색으로 빛나는 사원이 거기에 있다.
연꽃을 들고 금색의 탑을 세 바퀴 돌며 기도를 드리면 소원이
이루어진다고 한다. 우리는 신발을 벗고 사원 주변을 천천히
돌기 시작했다.

Wat Phra That Doi Suthep
9 พบๆไฟ้ 9 Mueang Chiang Mai District, Chiang Mai 50200 태국
영업시간 6:00~20:00

아직 끝나지 않은 밤의 마켓

해가 지고 밤이 되면 치앙마이 곳곳에서 크고 작은 나이트
마켓이 열린다. 관광객에게도 유명한 와로롯 시장 근처의
나이트 바자, 마야몰 앞에서 열리는 나이트 바자부터 이름
없는 작은 마켓들까지.
조명이 켜지고 뜨거운 열기가 가셔 선선해진 마켓에서는
더위에 허덕이지 않고 천천히 쇼핑하기도 좋고 간단하게
저녁을 먹기도 좋다. 오늘 저녁은 무엇을 먹어야 할지
정하지 못한 날에는 유독 사람들이 많이 모여 있는 부스를
기웃거려본다. 와자지껄하게 떠드는 사람들 사이에 앉아
정신없이 먹는 치앙마이의 맛. 그렇게 오늘의 여행을
마무리한다.

↓

Night bazzar
Chang Moi Sub-district, Mueang Chiang Mai District, Chiang Mai
50100 태국
영업시간 17:00~24:00

Think Park Night Market
Nimmanhaemin, Mueang Chiang Mai District, Chiang Mai 50200 태국
(마야몰 앞)
영업시간 수~금요일 16:00~22:00

지도를 보지 않는 자유로운 밤

오늘치 여행을 마치고 숙소로 돌아가는 발걸음이 가볍다.
오른손에는 야식으로 먹을 요량으로 노점에서 산 팟타이와
맥주가 들려 있다. 딱히 지도를 보지 않고 자연스럽게 오른쪽
골목길로 접어들고, 다리를 건넌다. 그다음엔 직진을 하고.
더 이상 지도를 보지 않아도 되는 순간. 내가 여행에서
좋아하는 순간들 중 하나다.
한국에서 수백 날 집으로 돌아오는 길에 느끼는 약간의
지겨움이나 익숙함과는 다르다. 아직은 완벽히 익숙하지는
않지만 여기서 10분 정도 더 걸으면 숙소에 도착할 수 있다는
사실을 알고 있다. 행여 숙소를 잘못 찾아갈까봐 지도를
수시로 체크하며 불안한 마음으로 이 길을 걸었던 게 불과
며칠 전인데, 이제는 어두워진 밤에도 지도를 보지 않고
숙소를 찾아갈 수 있게 되었다. 이곳의 밤이 더 이상 무섭지
않다. 저 어둠 속에, 낮에 보았던 사랑스러운 풍경이 있다는 걸
아니까.
뜨거움이 살짝 가라앉은 여름밤의 공기, 간간이 들리는
이국적인 소음들, 아직은 어색하지만 조금은 익숙해진 조용한
길을 타박타박 걷다보면 어쩐지 자유로워진 기분이 든다.

Santitham

산티탐

여행 메이트

앞으로 며칠간 여행 메이트는 친동생이다. 동생과의 여행이
처음은 아니었지만, 동생은 내년에 결혼할 예정이라서, 어쩌면
우리끼리 이렇게 여행할 일은 앞으로 없을지도 모른다는
생각이 들었다.

첫 번째 여행과 두 번째 여행은 다른 스탠스를 취하게 된다.
첫 여행에서 유명한 곳들을 둘러본다면, 두 번째 여행은
아무래도 조금 더 잘 알려지지 않은 곳을 둘러보게 된다.
두 사람이 함께하는 여행에서 한 명은 이곳에 와본 적이 있고
다른 누군가는 이곳이 처음이라면, 의외로 균형을 잡기가 쉽지
않다. 서로 가고 싶은 곳이 다를 때 가장 좋은 방법은 쿨하게
따로 다니는 것이다. 그렇지만 이번 여행만큼은 그러고 싶지
않았다. 우리의 마지막 여행일지도 모르는데 그럴 수는 없었다.
함께하면서 완벽한 여행이었으면 했다.

치앙마이에서 꼭 가봐야 할 곳, 첫 번째 여행에서 너무 좋았던
곳들에 다시 가보는 일정을 짰다. 사이사이 내가 가고 싶었던
장소를 끼워 넣는 것도 잊지 않았다. 그렇게 일정은 매우
빡빡해졌다. 내가 보여줄 치앙마이가 그녀에게 분명 좋은
추억을 남겨줄 것이라는 확신이 있었다. 하지만 결론부터

말하자면 내가 너무 좋았다며 다시 산 곳은 실패였다. "어떠 여기 좋지?" 하면서 동생의 눈치를 자꾸 봤던 것도, 그때와 같은 감상을 나조차도 느끼지 못하고 있었기 때문이었다. 여기가 좀 아쉬웠으니까 만회를 하기 위해 다음 장소로 서둘러 이동했다.

체력이 약한 동생은 결국에 탈이 나고야 말았다. 동생은 침대에 드러누워 자기가 원래 체를 잘한다며 괜찮다고 말했지만 아무리 생각해도 내 욕심이 빚은 결과였다. 치앙마이는 그런 곳이 아닌데. 내가 상상한 여행은 이게 아닌데. 여행이 이상한 방향으로 흘러가고 있음을 깨달았지만, 그 사실을 깨닫자마자 뱃머리를 돌릴 수 있을 만한 유연함이 내겐 없었고, 미안한 마음과 그래도 여행을 잘 끝내고 싶은 마음이 뒤섞인 채 여행은 계속되었다.

먼저 한국으로 돌아간 동생이 자신의 SNS에 여행에서 좋았던 것들의 목록을 올렸다. 역시나 야심 차게 갔던 곳들보다는 소소한 순간과 장면에 대한 이야기였다. '나도 좋다고 생각했던 순간은 너도 좋다고 생각했구나' 하고 안도했다. 몇 단어로 정리된 이야기와 사진 한 장 속에 담긴 분위기를 이해하고 고개를 끄덕일 수 있는 것. 그 시간을 함께 공유한 사람만이 누릴 수 있는 기쁨일 것이다.

ORANGE
BADMINTON

오렌지 배드민턴 클럽
(고양이와 친해지는 법)

늘 치앙마이의 소식을 전해주는 쏨 님의 SNS에 새로운
게스트하우스를 준비하고 있다는 사진이 올라온 후부터
이 멋진 숙소가 오픈하기를 얼마나 기다렸던가! 쏨 님이
새로이 문을 연 게스트하우스 '오렌지 배드민턴'에 예약한
것은 당연한 일이었다. 오렌지를 배드민턴 셔틀콕처럼 치는
일러스트 로고가 유쾌한 오렌지 배드민턴은 태국어로
오렌지의 쏨, 배드민턴의 벳, 부부의 이름을 따왔다고 한다.
감각적인 공간 구성과 구석구석 멋진 빈티지 가구로 채워진
방들, 매일 정성껏 차려지는 조식을 먹거나 잠시 쉬어갈 수
있는 1층 카페 공간은 오렌지 배드민턴을 더 매력적인 숙소로
만들어준다.

방에 캐리어를 던져 넣고 나오는데 고양이 '클럽'이가
어디선가 나타났다. (클럽이는 원래부터 이 근방에서 지내던
길고양이였는데 새해 첫날 참치 한 캔으로 집사 간택을 당했다고
한다. 고양이 이름을 클럽으로 정하면서 '오렌지 배드민턴 클럽'이
결성되었다고.) 클럽이는 동생이 마음에 들었는지 동생에게만
치대기 시작했다. 고양이가 익숙하지 않은 동생은 기겁하며

도망갔지만 클럽이는 포기하지 않았다. 동생의 등과 의자 사이의 얼마 안 되는 공간에 비집고 들어가 털을 고르기도 하고, 우리가 식당에서 조식을 먹을 때는 동생의 무릎 위로 뛰어 올라왔다. 동생이 으악 하고 소리를 지르든 말든 클럽이는 동생의 무릎 위를 즐겼다. 이 묘한 일방향의 치댐이 며칠간 계속되자 동생도 슬슬 적응하기 시작했다. 얼떨떨해하며 클럽이를 만져보는 동생을 보며 내가 괜히 흐뭇했다. 사람을 좋아하는 이 고양이는 부부와 함께 여행을 떠나온 이들을 맞이하며 지금도 행복하게 지내고 있을 것이다. 다음엔 나에게도 관심 좀 가져줬으면 하는 바람이 있다.

2022년 현재 오렌지 배드민턴은 영업을 종료했고, 쏨 님은 치앙라이에서 새로운 가게를 준비하고 있다고 한다. instagram @j10.10

보기 좋은 떡이 먹기도 좋아

토요일과 일요일 오전에는 올드 시티에서 서쪽으로 30분 정도
거리의 외곽에서 참차 마켓이 열린다. 참차 마켓은 규모가 꽤
크고 개성 있는 볼거리가 풍부하다. 마켓의 끝자락에 미나
라이스 베이스드 쿠진이 자리 잡고 있는데, 마켓이 열린 주말
점심때라 그런지 거의 한 시간을 기다려야 했다.

매콤한 팟끄라빠오무삽(돼지고기 바질 볶음)과 천연 재료로
색을 낸 알록달록한 오색 주먹밥은 이 식당의 대표 메뉴인데,
하얀색은 매스민 라이스, 빨간색은 브라운 라이스, 노란색은
홍화, 파란색은 버터플라이 꽃, 검은색은 라이스베리로 색을
냈다고 한다. 함께 주문한 다른 요리들 역시 여러 가지 색깔로
맛깔스레 플레이팅 되어 나왔다. 형형색색의 음식을 먹는 것은
다양한 영양소를 섭취할 수 있는 방법이기도 하다. 비주얼만
예쁜 사진 찍기용 가게에 너무 익숙해진 것일까, 모양이
예쁘면 맛이 별로일지도 모른다고 은연중에 판단한 것이
미안하게도 음식들은 하나같이 맛있었다. 예쁘고 건강하고
맛있는 음식을 파는 가게. 단순해 보여도 너무나 쉽지 않은
일이다. 그런 가게를 만들기 위해 들어간 고민과 정성이
느껴지는 한 끼였다.

Meena Rice Based Cuisine

13, San Klang, San Kamphaeng District, Chiang Mai 50130 태국

영업시간 10:00~17:00

연락처 +66 87 177 0523

Chamcha Market

13, 16 หมู่ 2 ซอย 11, San Klang, San Kamphaeng District, Chiang Mai
50130 태국

영업시간 토~일요일 9:00~14:00

연락처 +66 88 268 2441

이상한 슈퍼들, 문방구 탐방

길을 걷다보면 꽤나 자주 이상한 가게를 만난다. 이 가게의
정체는 뭘까? 어디 1분만 둘러볼까? 하고 들어갔던 가게들을
구경하는 데 푹 빠져서 구석구석 모든 선반을 살펴보곤 했다.
산티탐의 숙소로 돌아가는 길에 발견한 생활용품 가게는
흥미로운 물건으로 가득 차 있었다. 세련됨에서 극도로
멀어지면 오히려 힙해지는 그런 느낌이랄까? 플라스틱 바구니,
문구류, 잡동사니, 생활용품, 불량 식품……. 형형색색 튀는
물건들은 촌스러워 보이지만 신기할 정도로 서로 어우러지며
무지갯빛을 이룬다. 그 무지개 속에서 몇 가지 물건을
골라본다.

또 나는 어느 나라에 가든지 화방이나 문구점을 들러,
그 나라의 문구류를 구입하는 것을 좋아한다. 치앙마이에서도
문구점 탐방은 놓칠 수 없었다. 지인이 알려준 3층짜리 대형
문구점은 문구 덕후에게는 보물 창고였다. 층을 오가며
몇 년째 팔리지 않았는지 빛바래고 먼지 쌓인 물건까지 다
뒤졌다. 스탬프부터 편지지, 스테이플러 심, 노트, 스티커,
파일까지. 내가 읽지 못하는 태국어는 마치 그저 추상적이고
시각적인 장식처럼 느껴졌다. 이제 그만 나가자는 동생의

눈초리가 아니었다면 나는 훨씬 더 오래 이곳에 머물렀을 것이다. 여기서 사온 색색의 스테이플러 심과 낡은 크라프트 봉투는 아직도 잘 쓰고 있다.

↓

zirieng (Udompol) Stationery store
20 Ratvithi Rd, Tambon Si Phum, Mueang Chiang Mai District, Chiang Mai
50200 태국
영업시간 10:00~18:00 (일요일 휴무)
연락처 +66 53 223 600

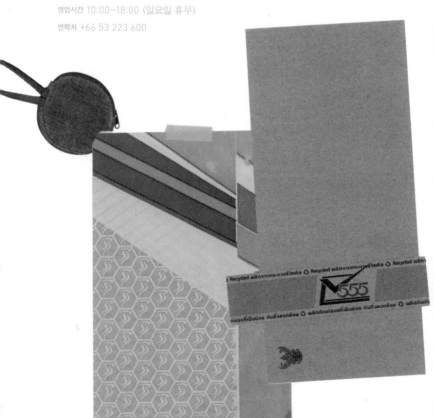

야식은 역시 치킨이지

어떤 가게 앞에 배달 오토바이가 줄지어 서 있다면
그 가게는 현지에서 인정받는 맛집이라 여겨도 무방하다.
몇 년 새 그랩푸드, 푸드판다 등의 배달 서비스가 발달하면서
태국인에게 배달로 음식을 시켜 먹는 일은 일상으로 자리
잡았다. 우연히 발견한 치앙마이 거주 한국인의 블로그에서
자기가 일주일에 한 번은 배달시켜 먹는다는 치킨을 소개한
글을 읽었다. 배달 앱에 처음 가입하면 주는 크레딧도 써먹을
겸 치킨을 주문했다. 곧 비닐봉지를 든 오토바이가 도착했다.
맛있는 냄새가 솔솔 흘러나오는 포장을 풀고 치킨을 하나 입에
넣자마자 눈이 동그래졌다. 이 맛은 약 15년 전 교촌치킨에서
간장치킨이 처음 나왔을 때 전국을 휩쓸었던 센세이션한
바로 그 맛이 아닌가! 포장지를 다시 보니 'Korean fried
chicken'이라고 적혀 있었다. 아마 이 주인 역시 그때의 맛을
잊지 못해서 치앙마이까지 와서 그 맛을 재현하려고 하는 게
아닐까? 짭짤하고 바삭한 간장 맛 치킨과 맥주를 함께 먹으니
이보다 맛있을 수 없었다. 분명 태국 음식에 매우 만족하고
있었는데 한국인의 DNA는 마늘과 간장 맛 치킨에 격렬히
반응했다. 손꼽히게 만족스러운 야식이었다.

RAW TRUCKR

Nimmana Haeminda Rd Lane 13, Tambon Su Thep, Mueang Chiang Mai
District, Chiang Mai 50200 태국

영업시간 17:00~23:00

연락처 +66 63 585 8944

ลำดับที่: 24064

GRAB

โต๊ะ**GRAB8 /
GRAB8**

0ท่าน

(1) ไก่ 0.5 โล
      Soy Garlic, Take away

ผู้สั่ง: GM

เวลาสั่ง   563 20:57

빈티지의 매력

오래되어 더 매력적인 것들이 있다. 빈티지는 누군가에게는 그저 낡고 오래된 물건일 뿐이지만, 누군가에게는 돈 주고도 사기 힘든 보물이다. 빈티지 마켓을 둘러보며 가장 탐났던 건 목재 가구였다. 서랍장, 의자, 유리 진열장, 책장, 화장대……. 크기가 너무 커서 가져오지 못할 줄 뻔히 알면서도 눈을 반짝이며 '아, 이거 식탁 의자로 놓으면 딱인데!' '침실에 이거 놔두면 너무 예쁘겠다!' 하며 가구를 살폈다. 그야말로 그림의 떡이다. 물론 정말 진심이라면 컨테이너에 실어서 운반할 수도 있겠다. 더 진심이 되기 전에 소품을 파는 코너로 발길을 돌렸다. 넓게 펼쳐진 빈티지 소품 사이를 구석구석 누비며 물건을 고르는 동안, 가장 오래 머물던 곳은 액자 코너였다. 손때가 묻고 모서리도 닳았지만 그 코너에 있던 액자를 몽땅 가져오고 싶을 만큼 예쁜 액자가 많았다. 고심 끝에 나무 액자를 세 개 골랐다. 이 액자에 어떤 그림을 넣을지 상상하면서.

Jing jai market

45 Atsadathon Rd, Tambon Chang Phueak, Mueang Chiang Mai District,
Chiang Mai 50300 태국

영업시간 토요일 6:30~13:00

rustic market

RX4W+GF2, Tambon Chang Phueak, Mueang Chiang Mai District, Chiang
Mai 50300 태국

영업시간 일요일 8:00~14:00

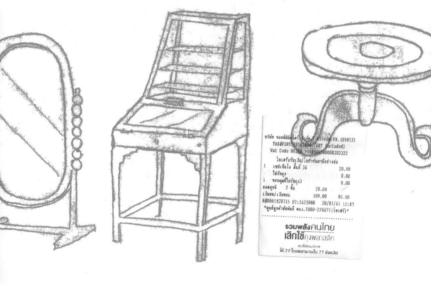

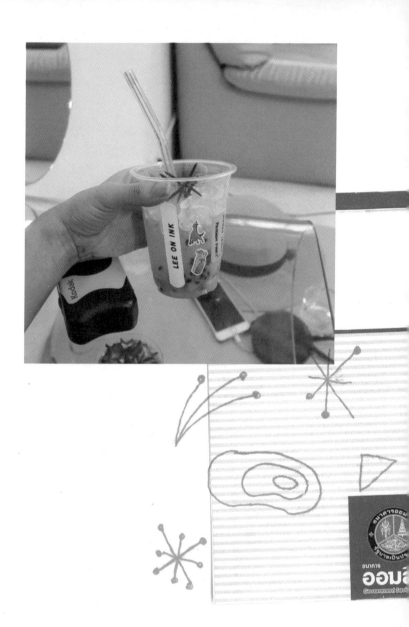

타투 앤 패션 푸르트

산티탐의 한적한 골목에 위치한 타투 숍 겸 카페 Lee on ink.
공장이나 창고로 쓰일 것 같은 커다란 건물과 마당을 카페로
쓰고 있는데 안쪽에는 타투를 받을 수 있는 공간이 준비되어
있다. 팝한 컬러의 가구들이 띄엄띄엄 무질서하게 놓여 있다.
가구 몇 개는 말 그대로 '던져져' 있어서 날것의 자유로운
분위기를 더한다.

나는 카페에 가면 보통은 커피를 마시는 편이지만, 이번엔
다른 음료를 시도해보고 싶었다. 팔에 귀여운 문신을
한 단발머리 직원이 살짝 웃으며 "이거 어때? 나는 이거
좋아해"라며 패션 푸르트 에이드를 추천해주었다. 음료를
주문하면 직원이 테이크아웃 컵을 귀여운 스티커로
꾸며주는데, 노란색 패션 푸르트 음료와 잘 어울리는
오렌지색과 핑크색 스티커가 컵에 붙어서 나왔다. 치앙마이를
여행하며 새롭게 좋아하게 된 과일이라면 단연 패션 푸르트다.
진한 갈색의 딱딱한 껍질을 반으로 자르면 반전처럼 새콤한
노란색 과즙이 흘러나온다. 패션 푸르트는 단독으로 먹어도
맛있지만 이렇게 에이드나, 요구르트에 넣어 먹으면 훨씬 더
맛있다. 빨대를 타고 간간이 올라오는 패션 푸르트 씨앗은

독특한 식감을 낸다.

빈 컵을 반납하자 아까 메뉴를 추천해주었던 직원은 친구에게 하듯이 친근하게 손을 흔들며 "Bye Bye" 하고 인사했다. 나도 손을 흔들며 인사하니 그 뒤에 있던 다른 직원도 따라서 양손을 흔들어주었다. 무뚝뚝해 보였던 그 사람은 자세히 보니 순박한 인상이었다. 나도 모르게 웃음이 나왔고 그들도 따라 웃었다. 우리는 오늘 처음 봤고 별다른 대화도 하지 않았고 인사만 했을 뿐인데 잠깐이나마 친구가 된 신기한 기분이었다. 카페를 나오니 내가 가장 좋아하는 시간이었다. 해가 지기 전 한낮의 뜨거움이 살짝 가라앉은 공기, 시원한 음료와 잠깐의 인사로 충전되어 가벼워진 발걸음. 오길 잘했다고, 다시 오고 싶다고 느끼는 기분 좋은 순간이었다.

Lee on Ink

Prachautid Rd, Chang Phueak, Mueang Chiang Mai District, Chiang Mai 50300 태국

영업시간 14:00~20:00 (목요일 휴무)

연락처 +66 82 482 2195

요가 수업은 듣지 못했지만

이번 여행의 위시리스트 중 하나는 요가 수업 듣기였다.
필라테스를 꾸준히 수련 중인 동생이 면세로 여러 장 구입한
레깅스를 하나 빌려 입고, 숙소에서 가까운 요가 스튜디오로
야심 차게 출발했다. 우리는 복장만큼은 프로 요가인이었고,
새로운 것을 배우러 간다는 설렘과 어쩐지 요가를 잘 해낼 수
있을 것 같다는 근거 없는 자신감에 들떴다.

수업 시간 15분 전에 스튜디오에 무사히 도착했지만, 우리는
신발조차 벗지 못했다. 그 수업은 5주 동안 진행되는 프로그램
중 네 번째 수업이고, 중급자 대상이라서 우리는 들을 수가
없다는 것이었다. 우리는 망연자실한 채 터덜터덜 숙소로
돌아왔다.

다음 날, 우리끼리라도 요가를 해보기로 했다. 숙소에
요가 매트를 빌릴 수 있냐고 묻자 직원분이 물론이라며
요가 매트를 가져다주었다. 유튜브에 기초 요가를 검색해
적당히 괜찮아 보이는 섬네일을 클릭했다. 선생님의 나긋한
목소리에 맞춰 몸을 움직이고 숨을 들이쉬고 내쉬고 허리를
펴고 머리를 바닥에 대고…… 아침 공기를 마시고 새소리와
나뭇잎이 서로 스치는 소리를 들으며 몸의 움직임에 집중하는

순간. 수업을 듣지 못해서 지금 이 순간이 있는 것이겠지.
제대로 자세를 잡아주는 사람도 없고 제멋대로인 요가였지만
우리는 위시리스트를 달성했다.

요리 수업도 듣지 못했지만

이번 여행에서 해보고 싶었던 일이 또 있다. 바로 태국
요리 수업 듣기. 대부분의 클래스가 거의 하루 종일 수업이
진행되었는데, 수업만 들으며 하루를 보낼지, 수업을 듣는
대신 아직 못 가본 곳에 갈지 갈팡질팡하다 결국 요리 수업을
포기했다. 아쉬움을 달래려 요리 수업에 포함된 '시장에서
장보기' 코스만이라도 해보자며 시장으로 향했다.
많은 가게에서 비슷한 걸 팔고 있다. 팟타이 면, 향신료,
코코넛 밀크, 채소와 과일들⋯⋯. 그리고 갑자기 고양이를
발견했다. 길고양이가 팟타이 면을 침대 삼아 자고 있었다.
팔을 쭉 뻗고 누워 있는 게 한두 번 자본 모양새가 아니었다.
고양이를 쫓아내지 않고 그 위에서 잠을 자게 내버려두는
맘씨 좋은 가게 주인이 있었기에 이 자리에 드러누울 수
있었겠지. 그 모습은 너무 편안하고 행복해 보였다. 고양이가
잠자고 있던 가게에서 1인분의 팟타이, 1인분의 그린 커리
등을 만들 수 있도록 모든 재료가 소분이 된 밀키트를 샀다.
왜 여기서 샀냐고 물으면 '고양이가 자고 있어서'라고밖에
할 말이 없다. 고양이는 자신이 영업한 것도 모른 채 여전히
꿈속이었다.

somphet market
131/3 Mun Mueang Rd, Tambon Si Phum, Mueang Chiang Mai District,
Chiang Mai 50300 태국

여전히 줍고 다니는 중

여행 중에 나의 시선은 바닥으로 자주 향한다. 나의 취미 중
하나는 여행하며 무언가를 '줍는' 것이다. 참 쓸데없고 이상한
취미다. "그거 왜 주웠어?"라고 묻는다면 "그냥 그것이 거기에
있어서"라고밖에는 할 말이 없다.

객관적으로 쓸모없지만 내 눈에 예뻐 보이는 것들을
여기저기서 줍고 챙긴다. 지갑, 가방 속에 넣고, 노트에 붙이고,
여행 중에 읽으려 들고 간 책 사이에 공짜 보물들을 끼워
넣는다.

서로 연결되지 않는 여행의 조각들을 이어 붙인다. 노트를
꾸미기도 하고, 책을 만들기도 한다. 이상한 퍼즐 조각들로
이번 여행의 인상을 재현한다. 그렇게 여행지마다 작은 책을
만들었다. 쓸데없는 짓도 일관성 있게 하면 의미가 생긴다.
아무튼 이 취미의 가장 재미있는 점은 내가 무엇을 줍게
될지는 미리 알 수가 없다는 것이다. 퍼즐 조각이 어떻게
완성이 될지는 여행을 마치고 돌아와서만 알 수 있다.

O-LYTE
ORANGE FLAVOUR
IMITATION

ELECTROLYTE BEVERAGE POWDER

TO PREPARE: Add 20 gm. of O-LYTE Imitation orange flavour in 1 glass of water and mix with a beater or fork until the O-LYTE Imitation orange flavour has dissolved.

CAUTION : Do not give O-LYTE Imitation orange flavour with milk.

KEEP TIGHTLY CLOSED TO PROTECT FROM MOISTURE. STORE AT TEMPERATURE NOT EXCEED 30°C.

10-1-08935-1-0002

ปลาอินทรีกุ...

ตรา
ปลาทอ...

มีโปรตีนจากเนื้อปล...

บริษัท เชียงใหม่ แอล.เค.มาร์เก็ตติ้ง จำ...

5/41-42 ถ.ช้างเผือก ต.ศรีภูมิ อ.เมือง จ.เชียงให...

โทร. 053 - 404167-8 แฟ็กซ์. 053 - 223848

8 852740 001302

อ-พท-ชบ 180/40

Watermelo
Fla

MY CHEWY MILK CANDY
Good taste of the fashion life

098-6498443

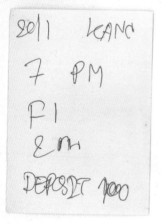

20/1   KANG

7 PM

F1

8 m

DEPOSIT 1000

Sandwich order form

Sandwich is made to order,
Please wait for 10 to 15 minutes.

Bread

☐ Small Baguette
☑ Croissant
☐ White bread   (Toast or Not Toast)

Meat

☐ Bacon   ☐ Ham   ☑ Tuna   ☐ Boiled Egg

Condiments

☑ Lettuce   ☑ Tomato   ☑ Cheese
☑ Mayonnaise   ☑ Mustard   ☑ Eat in

☐ Take away   or

천천히 흐르는

반복되는 일상생활에서 아무것도 하지 않은 듯한데 일주일이,
한 달이 다 가버렸다는 사실에 놀랄 때가 많다. 세상에 벌써
여름이라니, 벌써 겨울이라니 믿을 수 없다. 특히 겨울엔
한 해가 곧 끝나버린다는 생각에 더욱 초조해진다. 특별히
이룬 것도 없이 지나가버린 시간을 붙잡아둘 수 없음을
알면서도.

서울의 겨울에서 출발해 치앙마이의 여름에 도착했다. 시간을
되돌아온 기분에 초조하던 마음이 조금은 느긋해진다. 마치
올해가 반년이 남은 것처럼 여겨졌다.

여행을 좋아하는 이유는 시간이 천천히 흐르기 때문이다.
상대성 이론에서는 좋아하는 존재와 있으면 시간이 쏜살같이
흐른다는데, 나는 반대로 느껴진다. 모든 것이 생생하고 새롭고
느리게 흐른다. 그리고 치앙마이에서는 유독 시간이 더 느리게
흘렀다. 이상하게 10분이 한 시간처럼, 일주일은 한 달처럼
느껴졌다.

오늘의 끝에 더 늦게 도착했으면 좋겠다는 마음으로 더 작고
사소한 것까지 들여다본다. 무엇이든 자세히 보고, 어떤
것이든 충실하게 느끼며.

Mae Rim

매림

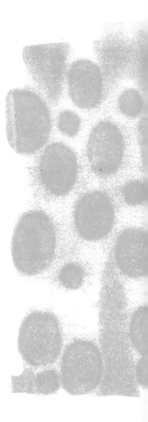

뜬금없는 동네의 에어비앤비

첫 치앙마이 여행의 3분의 1은 매림이라는 지역에서 지냈다. 매림은 치앙마이 도심에서 북쪽으로 30분가량 떨어진 지역으로 대부분이 산과 논으로 이루어져 있다. 이곳에서 머물게 된 이유는 아주 단순했다. 에어비앤비에서 치앙마이를 검색하고 가장 예쁜 에어비앤비를 골랐는데 그게 매림에 있었다. 목조 주택을 가득 채운 빈티지 가구, 사랑스러운 주방과 멋진 정원이 있는 숙소라면 시내와 조금 멀어도 괜찮지 않을까? 하고 막연히 생각했다. 이 정도로 시내에서 멀 줄은 몰랐고 이 정도로 시골일 줄은 더더욱 몰랐다. 치앙마이의 지리에 대해 아는 것이 진정으로 없었기에 잡을 수 있는 위치의 숙소였다. (서울 도심 관광을 할 예정인데 경기도에 숙소를 잡은 느낌이라고나 할까?)

일단 매림과 도심을 오가는 노란색 썽태우 버스의 수가 하루에 몇 대 되지 않아 한참을 기다려야 했다. 버스는 늘 만석이었는데 태국인들은 능숙하게 버스 밖에 달린 봉을 잡고 매달렸다. 매림 시장이 있는 곳에서 내리면 숙소까지 30분 정도 정비가 되어 있지 않은 시골길을 걸어가야 한다. 관광객이 흥미를 가질 만한 곳은 하나도 없음은 물론이고

시장을 지나고 나면 변변찮은 가게도 없었다. 거대하게
펼쳐진 논밭 사이의 부실해 보이는 다리를 몇 번이나 건넌다.
외국인의 냄새에 반응하는 강아지들의 격한 환영과 닭들의
진로 방해는 덤이다.

매일 시내로 나가고 숙소로 돌아오는 것 자체가 긴
여정이었기에 자연히 하루의 일정도 줄어들 수밖에 없었다.
하지만 깊숙한 매림에 숙소를 잡은 것을 후회하지 않는다.
아니 다행이라고 생각한다. 내가 치앙마이에 기대했던 점을
진정으로 채워주었던 곳이 바로 매림이었으니까. 매림이야말로
어쩌면 가장 치앙마이스러운 지역이며, 가장 매력적인
지역이니까.

식물원이 있는 오후

식물원을 좋아하는 나는 이번 여행에도 어김없이 식물원을
일정에 넣었다. 온 동네가 식물원 같은 치앙마이에서 굳이
식물원을 찾아가야 할 필요가 있을까 싶긴 하지만, 나는
식물원이 풍기는 분위기 자체를 좋아한다. 빛이 떨어지는 온실,
학명이 적혀진 이름표, 다양한 기후대의 식물들이 이웃한 모습.
매림의 퀸 시리킷 보타닉가든은 태국 최초 식물원이자 여왕
시리킷을 기리기 위해 지어진 곳으로, 걸어서 다 돌아보기
힘들 정도로 거대한 규모를 자랑한다. 대규모 온실, 다양한
선인장들, 특이한 연꽃과 난, 캐노피 워크 아래로 보이는
웅장한 열대 우림…… 식물원을 원 없이 돌아다닌 그날
오후의 색은 완연한 녹색이었다.

⇓

Queen sirikit botanic garden
100 หมู่ 9 Mae Raem, Mae Rim District, Chiang Mai 50180 태국
운영시간 8:30~16:30
연락처 +66 53 841 234
입장료 100B

시내 가기 싫은 날

평소에 차분한 편인 나도 여행을 하는 동안엔 하이텐션이다.
평상시보다 훨씬 신이 나 있고 몇 배는 많은 에너지를 쓴다.
그러다 갑작스레 방전되는 순간이 찾아온다. 놀이터에서
신나게 놀다가 힘이 다 빠진 아이처럼 뻗어버린 아침.
내 컨디션처럼 마침 날씨도 흐렸다. 오늘은 번잡스러운
도심까지 나가지 않기로 한다. 여행에도 쉬어가는 날이
필요하니까.

숙소 근처의 별점이 좋은 카페를 구글 맵에 찍고 가는 방법을
걷기로 설정했다. 구글 맵이 최단 거리라고 알려준 꼬불꼬불
외길을 따라갔는데 어느 순간부터 사유지였는지 담으로 막혀
있어서 담을 넘어서 가기도 했다. 학생 때도 안 해본 담 넘기를
하며 우리는 깔깔댔다. 한가롭게 누워 있는 소들과 고양이를
구경했고, 차로는 진입이 어려워 보이는 흙길을 계속 걸었다.
베트남 음식점에서 점심을 먹고 작은 카페에서 커피를 마셨다.
이것이 그날 한 일의 전부였다. 하루 종일 한 일이 별로 없어서
더 좋은 날도 있다.

숲속의 빵 마켓과 현지인의 비밀 장소

숲속의 빵 마켓 '나나 정글'에 가기 위해 우리는 택시를
몇 시간 빌렸다. 도저히 택시를 타지 않고서는 각이 나오질
않는 외딴곳에 가게가 위치해 있기 때문이다. 거대한 숲속으로
들어가 나무 아래에 진열된 갓 구운 빵을 고르고 있으니 마치
동화 속 풍경에 들어온 듯하다. 녹색의 작은 호수 옆에서 커피
한 잔을 곁들여 크루아상과 팽 오 쇼콜라를 먹었다.

나나 정글에서 나와서 택시를 타고 시내로 돌아가는 길.
기사 아저씨가 우리에게 마켓을 좋아하냐고 물어보더니 이
근처에 자기가 가끔 가는 마켓이 있다며 가보겠냐고 물었다.
물론 마켓이라면 대환영이었다. 여행 전에 조사했던 마켓들
중 하나일까 했는데 처음 보는 마켓이었다. 널찍한 공터에
돗자리들이 깔려 있었고 동묘의 풍물시장 같은 분위기였다.
이건 진심으로 팔려고 가지고 나온 것인가 싶은 부서지기
직전의 물건도 있고, 나름대로 체계적으로 정리된 컬렉션을
선보이는 사람도 있었다. 돗자리마다 느껴지는 주인의 개성이
흥미로웠다. 아쉽게도 살 만한 물건을 건지지 못했지만
구경만으로도 충분히 즐거웠다.

Nana jungle saturday fleamarket

Chang Phueak, Mueang Chiang Mai District, 치앙마이 50300 태국

영업시간 토요일 8:00~11:00

연락처 +66 86 586 5405

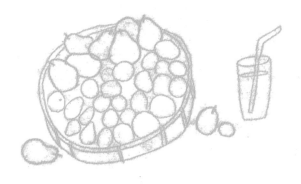

새벽 한 시, 그림을 그리기 좋은 시간

늦은 밤. 노트와 필기구, 가위와 풀 등을 꺼낸다. 오늘 찍었던
사진을 보면서 무얼 그려볼까 고민한다. 마침내 무언가를
드로잉하기 시작하고 수집한 것들로 간단한 콜라주도 해본다.
내가 아무리 그림을 업으로 삼은 사람이라지만, 처음부터 잘
그려지지는 않는다. 노트에 만족스럽지 못한 그림을 그리고
있으면 자괴감이 들기도 한다.

스스로에 대한 실망감이나 피곤함 따위를 무시하고 꿋꿋이
그리다보면 갑자기 재미있어지는 순간, 손이 자유롭게
움직이기 시작하는 순간이 찾아온다. '러너스 하이runners high'는
30분 이상 뛰었을 때 밀려오는 행복감을 뜻하는데, 힘든
지점을 넘어서면 몸이 가벼워지고 피로가 사라지면서 계속
달리고 싶은 마음이 든다고 한다. 그림 그리기에도 '러너스
하이'와 같은 순간이 찾아온다. 너무 재밌어서 멈추기 싫고,
밤을 새워 그릴 수 있을 것 같은 느낌을 한 번이라도 받아본
사람은 계속해서 그린다.

오늘의 기억이 선으로 면으로 드로잉북에 차곡차곡 쌓여간다.
그림 그리기는 새벽까지 이어진다.

작은 낙원, 라야 헤리티지

'라야 헤리티지'는 도심에서 벗어난 매림 초입에 있는 호텔이다.
주변에는 숲을 제외하면 그야말로 아무것도 없다. 시내로 가는
셔틀버스를 호텔 측에서 운영하지만 짧은 일정이라면 그냥
하루 종일 이 호텔에 있는 것을 추천한다.

거대한 고목이 자리 잡은 중앙 정원으로 들어서면 흰색 리넨
옷을 입은 직원들이 편안한 미소를 띠고 다가온다. 정원에
앉아 체크인하며 작은 꽃을 받는 것으로 라야 헤리티지의
경험은 시작된다. 새소리와 풀벌레 소리로 가득 찬 정원을
지나 룸으로 안내를 받는 동안 숲속의 비밀스러운 공간으로
초대받은 기분이 들었다.

열쇠를 건네받고 룸으로 들어선다. 내추럴하고 조화로운
색감의 가구, 치앙마이의 문화유산을 소개한 책, 향이 좋은
어메니티가 비치되어 있다. 강이 내려다보이는 테라스에는
웰컴 과일과 직접 블렌딩을 해서 우려먹을 수 있도록 준비된
열여섯 가지의 꽃잎과 허브가 가지런히 담겨 있다.

요일마다 다르게 진행되는 전통 라탄 공예 수업을 듣고 수영을
하고 돌아오니 손바닥만 한 라탄 장식품과 그것이 어떤

의미에서 어떤 방법으로 만들어졌는지에 대한 설명이 적힌
편지가 놓여 있었다.

중앙 정원은 매시간이 다르게 아름다웠지만, 가장 아름다웠던
시간은 늦은 밤이었다. 밤의 분위기를 해치지 않는 은은한
작은 조명들은 꼭 반딧불처럼 보였다. 어두운 정원을 걸으며
밤하늘을 올려다보면 별이 쏟아지는 것 같았다.

다음 날 아침에도 감동은 계속된다. 라야 헤리티지의 끝내주게
맛있고 예쁜 조식을 먹고 나서 빛이 부서지는 강가의 벤치에
앉아서 생각했다. 이렇게까지 아름다워도 되는 건가. 이곳은
산속의 작은 낙원 같았다.

라야 헤리티지의 1박 가격은 보통 치앙마이 사람들의 월급과
맞먹는다. 이런 고급 호텔에 묵는 건 진짜 치앙마이를
경험하는 것에서 벗어나는 일처럼 느껴지기도 했다. 하지만
이곳은 다른 의미에서 완벽하게 치앙마이를 경험하게 한다.
치앙마이의 전통과 문화를 가장 고급스럽고 세련된 버전으로
보여준다. 그러나 절대 과장되거나 부자연스럽지 않다.

이곳에서 완전히 편안하게 휴식했다고는 말을 못하겠다. 나는
너무 아름다운 곳에 가면 집중력을 과하게 쓰는 스타일이다.
머리를 비우고 쉬기에 이곳은 지나치게 멋지다. 어느 구석을
봐도 아름다워 모든 순간 감탄했다. 모든 경험이 인상적이어서

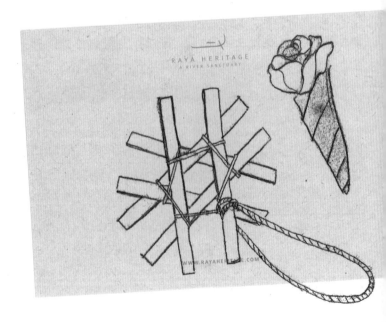

일일이 나열하기 힘들 정도다. 체크아웃 시간이 다가오는 게 이렇게 아쉬울 일인가.

↓

Raya Heritage

157 Moo 6, Tambol Donkaew, Mae Rim District, Chiang Mai 50180 태국

연락처 +66 2 301 1861

ของ

다정한 새해 인사

오후 다섯 시에 문을 닫는 카페에 네 시 반쯤 도착한 우리는
자연스레 그날의 마지막 손님이 됐다. 30분 동안 커피와
케이크를 야무지게 먹고 나가려고 하자 직원분이 미소를 띤
얼굴로 "프레젠트!"라며 우리에게 봉투를 건넸다. happy new
year, have a good day라고 적은 귀여운 손글씨와 쿠키. 예상치
못한 새해 인사는 다정하고 달콤했다.

↓

Under over cafe
23 San Phi Suea, Mueang Chiang Mai District, Chiang Mai 50300 태국
영업시간 10:00~17:00
연락처 +66 95 452 9778

용감한 치앙마이의 안내자

2016년 즈음에는 매림에 대해 정보를 얻을 만한 소스가
딱 하나뿐이었다. 매림에서 몇 달간 지내고 있는 쏨 님의
블로그였다. 쏨 님의 치앙마이 일기는 무척 흥미로웠고 '아,
저기 나도 가보고 싶다! 하는 곳들이 가득했다. 용기를 내어
블로그에 질문 댓글을 달았다. 곧 친절하고도 긴 답글이
달렸다. 댓글을 주고받다가 갑자기 치앙마이에서 만나는 게
어떠냐는 제안을 받았다. 소심한 나는 너무 놀랐지만 동시에
무척 설렜다.

우리는 치앙마이 대학교 뒷문에서 만났다. 그녀는 나를
맛있는 식당으로, 멋진 카페로, 골목골목 데리고 다녔다.
게스트하우스를 운영할 생각이라며 아직 공사 중인 방을
보여주기도 했다. 쏨 님의 뒤꽁무니를 따라다니며 그녀가
어떻게 잘 다니던 회사를 때려치우고 치앙마이에 몇 년씩 살게
되었는지, 치앙마이의 무엇이 그녀를 사로잡았는지에 대해
들었다.

헤어지기 전 쏨 님은 손바닥만 한 작은 책자를 건네주었다.
혼자서 만들고 제본했다는 포켓 가이드북이었는데, 나는
이 책이 출판사에서 정식 출판이 되면 좋겠다고 생각했다.

떠나오기 전에 서점에서 봤던 무미건조한 치앙마이
가이드북보다 훨씬 더 흥미로웠으니까.

내가 한국으로 돌아와 치앙마이에 대해 잠시 잊은 동안,
그녀는 작은 게스트하우스를 열었고, 치앙마이 책을 정식으로
출판했다. 그 당시 가능성으로만 열려 있는 듯 보였던 일들을
모두 이뤘다. 미지의 세계로 첫발을 내디뎌 끝내 이루어내는
사람의 결단력과 용감함은 얼마나 반짝여 보이는지. 몇 년
만에 다시 만난 쏨 님은 산티탐에 첫 게스트하우스보다 훨씬
멋진 게스트하우스를 크게 열었으며 태국인 남편과 고양이와
함께하고 있었다.

쏨 님의 게스트하우스에서 체크아웃하는 날, 그녀는 며칠
뒤에 게스트들과 함께 매림의 여기저기 자신이 좋아하는
곳들을 둘러볼 계획인데 내게도 오겠느냐고 물었다. 당연히
승낙이었다! 이번 여행에서도 그녀의 뒤꽁무니를 따라다니며
치앙마이의 숨겨진 곳들을 만났다.

논 뷰 킨포크

함께 점심을 먹을 곳은 쏨 님이 오래전 매림에 있을 때
지냈다는 게스트하우스였다. 쇼트커트 스타일에 두건을 묶고
커다란 귀걸이와 목걸이를 한 주인분이 주변을 밝히는 건강한
웃음으로 우리를 맞이해주었다.

그녀는 아름다운 정원과 센스 있게 꾸민 거실을 지나 뒤뜰로
우리를 안내했다. 탄성이 저절로 쏟아졌다. 드넓게 펼쳐진
논을 배경으로 길쭉한 식탁에는 우리를 위한 테이블 세팅이
준비되어 있었다. 정원에 가득하던 큼지막한 꽃송이들이 접시
사이사이를 장식하고, 리본 대신 나뭇잎으로 자연스럽고
가지런하게 수저가 묶여 있다. 바람이 불어오자 직접
만들었다는 모빌이 식탁 위에서 살랑살랑 흔들리고, 연두색
벼들이 잔잔한 물결을 만들어냈다. 늘어지게 낮잠을 자고 있던
강아지들과 어느새 따라온 고양이가 발아래를 맴돌았다.
먹음직스러운 커리와 태국식 닭요리, 볶음밥이 차례로 나왔다.
메인 요리들도 맛있었지만 디저트로 나온 치즈 타르트는
치앙마이에서 가장 맛있게 먹은 디저트로 꼽을 만했다.
호기심 많은 고양이는 계속 식탁 위로 올라왔고 모두가
웃음을 터트렸다. 자연에서 사람들과 친밀한 식사. 잡지

『킨포크』를 보며 막연히 상상해봤던 아름답고 비현실적인
식탁이었다.

이날의 식탁을 떠올리면 마음이 따뜻해지고 행복한 기분이
든다. 그리고 나도 누군가에게 이렇게 기억에 남을 아름다운
식사를 차려낼 수 있는 사람이 되고 싶다고 생각한다. 모든
것이 완벽했던 식사를 준비해준 그녀에게 진심으로 감사하며.

눈부신 꿈의 풍경

아카아마 커피는 태국 북부 고산족들이 재배하는 커피를
판매하는 카페다. 산티탐에 본점이 있는데 신선하고 품질 좋은
커피로 유명해졌다. 매림 지역에 '아카아마 리빙 팩토리'라는
이름으로 문을 연 로스팅 공간 겸 카페에 방문했다.

시원한 카페라테 한 잔을 주문해놓고 카페 이곳저곳을
둘러보다 아주 가파르고 불안하게 보이는 나무 사다리를
발견했다. 사다리와 연결된 천장으로 난 네모난 구멍으로
하늘이 보였다. 옥상으로 올라가는 사다리였다. 이거 올라가도
되는 걸까? 반신반의했지만 사다리가 있고 올라가지 말라는
경고장이 없다면 올라가봐야 하지 않겠는가. 용기를 내어
과감하게 올라갔다. 여행지에선 그런 충동에 몸을 맡기는 편이
대부분 옳다.

네모난 구멍 아래에서 함께 온 사람들이 "괜찮아요? 뭐가
있어요?"라며 올려다봤다. 뭐가 있냐고? 나는 눈에 보이는
것을 말로 설명할 수 없었고, 이 풍경을 모두가 직접 보아야만
했다. 갑자기 '옥상 전도사'가 되어 무섭다며 올라가기를
망설이는 사람들에게까지 어서 올라오라고 재촉했다.

"빨리요 빨리!"

그러니까 완벽한 광경이었다. 멋진 수형의 커다란 나무 뒤로
금색 들판이 넓게 펼쳐지고, 오후 네 시의 빛이 호수를
금빛으로 물들이고 있었다. 호수 주변을 야자수가 둘러쌌고
작은 농가가 홀로 그림처럼 서 있었다. 사막의 신기루
같기도 했다.
시간, 빛, 날씨 모든 것이 우연히 맞물려 만들어낸
비현실적으로 아름다운 광경. 상상 속에도 들어 있지 않아서
꿈에서도 보지 못할 그런 풍경.
이곳이 꿈이 아니라 내가 그 풍경 안에 있었다는 증거가
필요했다. 옆에 있던 분께 사진을 찍어달라고 부탁했다.
눈부신 풍경 앞에서 일회용 카메라를 들고 있는 사진은 내가
치앙마이에서 찍은 사진 중 가장 좋아하는 사진이 되었다.

Akha Ama Living Factory

WWV9+QC9, Huai Sai, Mae Rim District, Chiang Mai 50180 태국

영업시간 9:00~17:00 (수요일 휴무)

연락처 +66 88 267 8014

한여름의 크리스마스

다음 주면 크리스마스다. 아직도 이곳은 무더운 여름인데
말이다.

반팔을 입고 크리스마스 엽서를 썼다. 나에게 목도리를 매고,
화이트 크리스마스를 기다리는 것이 자연스럽다면, 이곳의
사람들이 기대하는 크리스마스의 풍경은 어떤 것일까?

내일이면 한국으로 돌아가야 하기에 한여름의 크리스마스,
한여름의 새해는 직접 겪지 못할 것이다. 일주일만 늦게
왔으면, 혹은 일주일만 더 머물렀으면 하는 아쉬움이 문득
들었지만 그 장면은 상상 속으로만 남겨둔다.

아쉬움을 남기는 것, 빈칸들을 남겨놓은 것이, 치앙마이에
다시 오게 하는 힘이 될 테니까.

언젠가 또 시간을 낼 수 있다면

다시 인천 공항. 나는 민소매 원피스와 샌들 차림으로
도착했다. 누가 봐도 더운 나라에 있다가 왔구나 하고
알아차릴 만한 복장이다. 출발할 때에 비해 훨씬 무거워진
캐리어를 빙글빙글 돌아가는 수화물 벨트에서 꺼내고,
코트 룸에 맡겨두었던 코트와 겨울 신발, 장갑을 찾는다.
더운 나라에 머물다 와서일까, 바람이 매섭도록 차게 느껴진다.
다시 한겨울. 어쩐지 꿈에서 깨어난 기분이다.
세상에는 가볼 만한 여행지가 많지만 돈과 시간은 한정적이다.
그럼에도 한 번 갔던 곳을 다시 여행지로 선택하는 이유는
여러 가지가 있다. 한국의 태국 음식점에서 어딘가 모자란
솜땀을 먹다가 "아 이거 치앙마이에서 먹으면 진짜
맛있는데……"라는 말을 뱉든지, 지인이 쓰고 있는 예쁜
접시를 치앙마이에서 샀다는 사실을 알게 되는 것 같은
사소한 계기 말이다.
그리하여 다시 "치앙마이 다시 가볼까?" 하는 생각이
찾아오고, 결국은 비행기를 끊어 다시 한 번 치앙마이에 발을
내딛는 언젠가를 기다린다.

두 번째 치앙마이 여행이 끝나고 얼마 지나지 않아 코로나가
시작되었다. 짧은 해프닝으로 끝날 줄 알았던 사태는
전 세계적인 문제가 되었고, 마음만 먹으면 갈 수 있었던
곳들은 쉽게 갈 수 없는 곳들로 바뀌어버렸다. 그래서 벌써
2년이 다 되어가는 치앙마이 여행은 아직도 나의 가장 최근의
여행으로 남아 있다.

수시로 새로운 곳으로, 어디로든 떠나고 싶어 했던 마음은
코로나 사태가 길어지자 오히려 차분히 가라앉았다. 대신
그동안 제대로 소화하지 못했던 예전의 여행들을 돌아보았다.
"어떻게 그게 다 생각이 나요?"라는 질문을 가끔 받는다.
"쓰다보니 기억이 나던데요?"라고 대답할 수밖에 없다.
여행 책을 쓰는 일 역시 여행을 하는 것과 같다.
한 발짝 한 발짝 걸었던 길을 복기하다보면, 잊었던 풍경들이
떠오르고 그 풍경을 나침반 삼아 또 한 발짝 더 나아갈 수
있다. 나도 모르게 뇌가 그다지 중요하지 않은 지나간 것으로
분류했던 일들에, 먼지 쌓인 채 놓여 있던 일들에 다시 의미를
찾아준다.
그렇게 지나간 여행 속을 오래도록 여행한다.

끝!

당신의 치앙마이는 어떤가요

초판 1쇄 발행   2022년 7월 1일

지은이	영민
펴낸이	윤동희
펴낸곳	북노마드

편집	김민채 유나
디자인	신혜정
제작	교보피앤비

출판등록	2011년 12월 28일
등록번호	제406-2011-000152호
문의	booknomad@naver.com

ISBN	979-11-86561-84-3 03980

www.booknomad.co.kr

북노마드

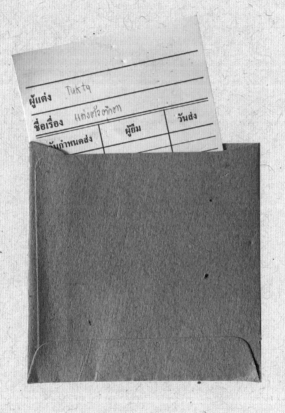

ผู้แต่ง Tukta

ชื่อเรื่อง แต่งตัวตุ๊กตา

วันกำหนดส่ง	ผู้ยืม	วันส่ง